커피 로스팅, 타이밍과 뜸 들이기의 예술

궁극의 커피를 위한 로스터의 분투기

커피 로스팅, 타이밍과 뜸 들이기의 예술

이진견 지음

황소걸음
Slow&Steady

나는 행복을 볶는 커피 로스터다!

"커피를 맛으로 먹나요? 그냥 커피니까 마시는 거지."

커피 맛을 이야기할 때 필자가 흔히 듣는 말이다. 우리나라는 2021년 말 기준으로 커피 수입액이 1조 원을 넘어서고, 커피 전문점(8만 3363개) 수가 편의점(4만 8458개)의 2배 가까이 된다. 하지만 여전히 많은 이에게 커피는 '그냥 커피'일 뿐이다.

'세상에 커피보다 맛난 음료가 있을까?'

커피 맛을 알고 나서 평생을 커피와 더불어 사는 필자 생각이다. '그냥 커피'와 '세상에서 가장 맛난 음료'. 이토록 먼 거리는 어떻게 생겼을까? 단순한 물음에서 비롯된 이 책은 우연히 커피 맛을 알고, 그 맛을 찾아 헤매다가 스스로 맛있는 커피를 만들어보겠다고 좌충우돌하며 '볶고 내리고 좌절하고 환희하기'를 반복한 커피 로스터의 여정이기도 하다.

"커피 참 맛있네요. 왜 여태 맛없고 쓴 커피를 마셨을까요? 이렇게 맛있는 커피를 마시려면 어떻게 해야 하나요?"

이런 이야기를 나누고 싶었다. 커피가 맛있다는 걸 알려면 정말 맛있는 커피를 마셔봐야 한다. 맛있는 커피를 마시려면 누군가는 커피를 맛있게 만들어야 한다.

생두를 볶는 사람을 커피 로스터, 커피 로스터가 볶은 원두로 마실 수 있는 커피를 만드는 사람을 바리스타라고 한다. 이들이 반드시 전문가일 필요는 없다. 커피가 좋아 커피를 볶고 내리는 사람은 모두 커피 로스터고 바리스타다.

커피를 좋아하는 분께는 어떤 커피가 맛있는 커피인지, 어떻게 하면 맛있는 커피를 만들 수 있는지 소개해드리고 싶다. 앞으로 전문적인 커피 로스터, 바리스타가 되고자 하는 분께는 직업인으로서 반드시 갖춰야 할 기술과 자세에 대해 생각하는 기회가 된다면 더 바랄 게 없겠다.

수많은 시도와 실패를 거듭하다 마침내 맛있는 커피를 만났을 때 느끼는 행복은 이루 말할 수 없다. 누군가 내가 만든 커피를 마시고 "아! 커피 정말 맛있네요" 하며 행복한 표정을 지을 때 느끼는 행복은 무엇과도 비교할 수 없을 만큼 크다.

커피를 볶고 내리면서 깨달은 사실은 이 일이 결국 다른 이를 행복하게 하기 위한 일이라는 것, 다른 이를 행복하게 함으로써 내가 더 행복해질 수 있다는 것이다. 누군가의 행복을 위해 커피를 맛있게 볶고 내리는 일, 어찌 이보다 행복한 일이 있으랴. 나는 행복을 볶는 커피 로스터다!

이건희

차 례

 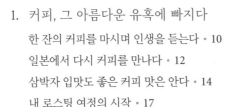

1

커피, 그 아름다운 유혹에 빠지다

한 잔의 커피를 마시며
인생을 듣는다

그가 아니었다면 나는 커피를 알지 못했을 것이다. 지리
산 자락에 임시 산장지기로 있던 그는 인수 아빠라 했다.
주말이 되면 무엇엔가 이끌리듯 달려가고, 방학이면 살다
시피 하던 곳인지라 몇 번 수인사한 사이였다.

어느 날 밤 그가 내 침상에 찾아와 커피 한잔하지 않겠
냐고 물었다. '뜬금없이 오밤중에 커피?' 하면서도 그의 깊
은 눈빛에 끌렸다.

뚝배기에 생두 몇 알을 넣고 나무 주걱으로 저어가며 볶
았다. '커피를 저렇게 볶기도 하는구나' 생각하는 사이, 난
생처음 맡아보는 고소한 향이 피어오르더니 산장을 가득
채우고 온 산으로 퍼졌다. 원두를 쏟아 잠시 식힌 뒤, 후
추통같이 생긴 도구로 갈아 깔때기에 담고 주전자로 물을

부었다. 코로 느껴지는 그윽하면서도 깊은 향과 처음 한 모금 머금었을 때 입안에 퍼지던 그 고소함이라니! 목으로 넘긴 뒤엔 은은한 단맛이 남았다. 처음 맛본 원두커피는 내 후각과 미각은 물론 영혼까지 사로잡았다.

그는 불현듯 자신의 이야기를 꺼냈다. 친구에게 배신당하고 지리산에 들어온 지 2년째라 했다. 이제 외로움을 달래주는 친구는 삽살개 구름이와 커피뿐이라고, 오랜 유럽 생활에서 알게 된 커피가 이렇게 위안이 될지 몰랐다고 했다. 한국계 최초로 노벨문학상 후보에 오른 소설가 김은국이 여명이 밝아오는 새벽, 바닷가에서 모닥불을 피우고 김이 모락모락 나는 커피를 마시며 늙은 어부의 이야기를 듣는 장면과 오버랩 되던 커피 CF의 카피, '한 잔의 커피를 마시며 인생을 듣는다' 그대로였다.

여명이 밝아올 즈음 이야기를 멈춘 인수 아빠는 아끼는 커피콩이라며 다시 볶고 갈아 커피 한 잔을 더 내렸다. 차가운 새벽안개에 식어가던 몸속으로 따뜻한 커피가 들어오니, 가슴 저 아래쪽이 간질거리며 뭉클한 기운이 솟구쳤다. 그 기운은 이내 온몸으로 퍼지며 세포를 하나하나 깨우는 듯했다. 나는 말할 수 없는 희열을 만끽했다.

일본에서 다시
커피를 만나다

　그 후 잊을 수 없는 그 커피 맛을 찾아다니며 실망에 빠진 순간이 무수히 이어졌다. 원두커피 전문점조차 없던 시절이니 어쩌면 당연한 일이다. 아무리 찾아 헤매도 그렇게 맛있는 커피를 마시지 못했다. 몇 년이 흘러 지리산 산장에 갔을 때, 그분은 없었다.

　나는 한동안 커피를 마시지 않았다. 그러다 일본에서 다시 원두커피를 만났다. 일본은 커피의 천국이라 해도 과언이 아니다. 정말 다양한 방법으로 저마다 독특한 커피를 만든다. 수많은 커피집을 돌아다니며 갖가지 커피를 맛봤다. 입맛에 맞는 커피도, 전혀 맞지 않는 커피도 있었다. 그리고 '맛있는 커피는 다양한 맛이 난다'는 사실을 깨달았다.

　커피콩은 커피나무 열매(커피 체리)의 씨앗이다. 다른 열매에 비해 과육이 상대적으로 적지만, 잘 익은 커피 체리는 새콤달콤하다. 과육 맛은 어떻게든 씨앗에 스며들 수밖에 없다. 그러니 커피콩에는 새콤달콤한 맛이 배어 있고, 풋것의 떫고 아린 맛도 있다. 생두는 볶는 과정에 떫고 아린 맛은 사라지고 새콤달콤한 맛이 살아나면서 우리가 마실 수 있는 음료 재료로 다시 태어난다. 어떻게 볶는가, 얼마나 볶는가에 따라 커피의 맛이 결정된다. 커피 맛을 결정하는 기본적인 요인은 생두 자체의 맛과 적절히 볶아 그 맛을 끌어내는 기술이다.

일본에서 맛본 커피는 귀국 후 잊을 수 없는 기억으로 남아 나를 괴롭혔다. '맛난 커피 한 잔 마시면 좋겠다'는 갈망이 늘 가슴에 있었다. 당시 우리나라에서는 잘 볶은 원두는 고사하고 좋은 생두조차 구하기 어려운 상황이었다.

삼박자 입맛도
좋은 커피 맛은 안다

커피 대신 스승님 덕분에 맛을 알게 된 차를 주로 마시며 지냈다. 그러나 값이 만만치 않았다. 품질이 좋은 녹차는 값이 꽤 나가고, 보이차는 말할 나위 없이 비싸서, 어쩌다 지인들이 보내주는 차를 아껴 마시는 데 만족해야 했다. 커피가 정 마시고 싶으면 믹스커피를 마셨다.

그러던 중 지인이 커피를 직접 볶는다는 소식을 전해 들었다. 자신이 만든 조그만 로스터로 커피를 볶는다는 것이다. 그때만 해도 로스터리 카페가 등장하기 전이었다. 당장 그분의 작업실을 방문했다. 상당히 만족스러운 맛이어서 당분간 그분 커피를 마시기로 했다.

그분은 원두 200g 정도 볶을 수 있는 원통형 로스터를 만들었다. 먼저 불을 피워서 통을 예열하고, 일정한 온도가 되면 생두를 넣고 내부에 꽂아둔 온도계를 보며 일정한 온도가 되도록 가열해 수분 날리기를 했다. 다시 불의 세기를 조절해 점점 온도를 높이고 일정하게 볶다가, 테스트 스쿱*을 꺼내 볶인 원두의 색깔과 냄새를 확인하고, 원하는 포인트가 되면 원두를 꺼내 식혔다. 참으로 신기했다.

이 과정을 보며 로스팅은 참 매력적인 일이란 생각이 들었다. 원두 색깔도 그렇고, 고소하게 피어오르는 커피 향을 맡았을 때 기분은 말로 표현하기 어려웠다. 그때는 구하기도 어렵던 아바야 게이샤, 아리차, 안티구아 등 생두를 사서 염치도 없이 그분께 볶아달라고 떼를 썼다.

내 사무실은 늘 손님들로 북적였는데, 그들은 내가 내려주는 커피에 점점 중독되고 있었다. 그리 커피를 즐기는 이들은 아니었는데, 처음에는 조금씩 맛만 보더니 그 향과 맛에 매료되어 점점 마니아가 됐다.

사무실 손님 중에는 연세 지긋한 수학 학원 선생님이 계셨다. 가끔 사무실에 들러 이런저런 담소를 나눴는데, 벗들이 모여 있으니 궁금하셨나 보다.

"거, 만날 모여 앉아 멋들 하시능교?"

---

* 로스터에서 샘플을 꺼내 볼 수 있도록 만든 기구

"커피 내려 마십니다."

"그 쓴 걸 말라꼬 마셔요?"

"커피는 원래 쓰지 않습니다. 새콤하고 달큼해요. 한 잔 내려드릴까요?"

"어데! 내는 삼박자만 좋아하는 기라. 삼박자 알지요? 커피, 설탕, 프림 드간 봉지 커피!"

그러던 어느 날, 매일같이 모여 앉아 마셔대는 커피 맛이 궁금하셨던 모양이다.

"거, 내도 쪼깨만 줘보이소. 맛이나 보구러."

부드럽게 볶은 아바야 게이샤 커피를 한 잔 내려드렸다.

"우째 커피가 안 쓰고 새콤하니 먹을 만하네요."

그다음부터 우리가 커피를 내리면 수학 선생님도 씩 웃으며 컵을 내밀었다.

내 로스팅
여정의 시작

커피를 볶아주던 지인이 사정이 생겨 한동안 커피를 볶지 못하게 됐다. 이미 중독된 벗들은 빨리 커피를 내놔라 야단이고, 수학 선생님도 가끔 내 사무실을 기웃거리다가 한마디 하셨다.

"요즘에는 커피 안 내리요? 거 새콤한 커피 먹다가 안 먹으니 생각이 많이 나네."

'애고, 뭔 수라도 내야지….'

그러던 차에 동생이 나섰다.

"형, 우리 그냥 가스 불로 수망*에 볶아 먹읍시다. 로스팅이 별거유? 골고루 볶으면 되지."

———
* 삶은 국수를 건질 때 쓰는 망

돌이켜 생각하면 동생 말이 정답인지도 모른다. 커피콩 볶는 일에 매달려 세월을 보내고, 이제 나름 잘 볶는 방법을 터득하고 보니 그렇다. 이 단순한 답을 얻기 위해 참 많은 시행착오를 거듭하고, 먼 길을 돌아왔다. 그러나 그때는 로스팅은 특별한 기술이 필요한, 누구나 함부로 할 수 없는 일이라고 생각했다.

"로스팅이 그렇게 쉬우면 로스팅 배우겠다고 유학은 왜 가고, 몇천만 원씩 하는 기계는 왜 사서 쓰겠냐?"

"형, 내가 누구유? 약방 집 아들 아니유. 어려서 아버지 밑에서 만날 법제한다고 약재 덖고 달이는 게 일인디, 골고루 볶는 것이라면 내가 자신 있으니 한번 볶아봅시다."

그리 자신하니 한번 볶아보자 했다. 주방 용품 파는 데서 작은 수망 두 개를 샀다. 내 사무실 뒷마당에서 가스버너에 수망으로 간이 로스터를 만들어 생두 100g 정도를 볶기 시작했다. 수망 로스팅 방법을 설명한 일본 책을 참고해 불을 줄이고 4~5분간 수분 날리기를 했다. 다시 불을 세게 하고 수망을 재빨리 흔들면서 볶았다. 10여 분이 흐르니 푸르던 콩이 점점 갈색으로 변하며 구수한 냄새가 났다. 수망을 더 빨리 흔들며 최대한 타지 않도록 노력했다. 이때 실버 스킨*이 벗겨지면서 먼지가 날렸다. 시간이 더 지나자 생두가 진한 갈색으로 변하고, 이어 1차 크랙**

이 시작됐다.

　투두둑, 투두둑, 탁탁 투두둑….

　처음 맞이하는 크랙의 순간! 그 소리가 그렇게 경쾌하고 아름다울 수 없었다. 그리고 고소한 향기가 진하게 올라오며 색깔이 점점 진해졌다. 적당히 진한 밤색이 되자 얼른 불을 빼고 마구 흔들어 식혔다. 다 식은 뒤 바구니에 원두를 쏟으니 지켜보던 벗들이 모두 탄성을 질렀다.

　"와! 하나도 안 태우고 잘 볶았네!"

　다들 신기해하며 맛은 어떨까 궁금해했다. 원래 3~4일 숙성해야 제맛이 난다지만, 우리는 기다릴 수 없었다. 볶자마자 핸드 밀에 갈고 칼리타 드리퍼로 내려서 미리 데운 잔에 조금씩 부었다.

　"음! 향은 그런대로 잘 나네."

　"뭔가 풍미가 있을 것 같아."

　벗들이 저마다 기대를 안고 한 마디씩 던졌다. 나도 남은 커피를 잔에 따라 들었다. 고소하면서 새콤한 향기가 코를 타고 들어왔다.

---

* 커피콩을 감싸는 은색 속껍질

** 생두가 열을 받다가 내부의 공기가 팽창하면서 한순간에 부드러워진 조직을 부수고 팝콘이 터지듯 부풀어 오르는 현상으로 '팝핑(popping)'이라고도 한다. 이 순간에 많은 물리적·화학적 변화가 일어난다. 로스팅 포인트의 기준점이기도 하다.

"음… 향은 일단 합격이네."

그리고 한 모금씩 마시던 벗들은 말없이 서로를 쳐다보다가 감탄사를 쏟아냈다.

"아, 맛있어!"

"오! 기계로 볶은 것보다 훨씬 맛있다."

나는 그때 그 커피 맛을 잊을 수 없다. 그윽한 향기, 처음 머금었을 때 새콤함, 뒤이어 올라오던 단맛의 풍미, 오랫동안 남는 여운… 이 정도면 볶아 먹을 만하겠다는 생각이 들었다.

수망 로스팅은 비싼 로스터로 볶은 것보다 맛이 좀 떨어지는, 초보자가 집에서 조금씩 볶아 먹는 방법이라고 생각했다. 그러나 손으로 볶아서 이런 풍미가 난다면 수천만 원, 아니 억대를 호가하는 로스터로 전문가가 과학적 지식과 오감을 동원하는 로스팅과 무슨 차이가 있을까 싶었다.

'그래, 이렇게 우리끼리 잘 볶아서 맛있게 내려 마시자.'

내 로스팅 여정은 이렇게 시작됐다. 지금 생각하면 그 커피 맛이 최고는 아니었을 것이다. 어설프지만 아련한 첫사랑 같은 맛인지도 모른다.

그날 이후 오랜 세월이 지났다. 로스터리 카페가 없던 시절을 지나, 어느새 '두 집 건너 커피집'이라는 말이 빈말이 아닐 정도로 커피 천국이 됐다. 그동안 더 좋은 커피 맛을 찾느라 손으로 3t이 넘는 커피를 볶았고, 다양한 기계로 이렇게 저렇게 헤아릴 수 없이 볶았다. 남들은 어떻게 커피를 만드는지, 맛있는 커피가 어느 구석에 숨어 있을지 기대하며 국내외 400군데가 넘는 커피집을 돌아다니기도 했다. 그렇게 많은 커피를 만나고 많은 사람을 만났다.

숯불 로스팅과 시행착오를 거듭해, 오늘의 커피를 만들었다. 로스팅 아카데미를 세워 학생도 가르쳤다. 그 과정에서 깨달은 원리를 바탕으로 만든 로스터로 특허를 받았고, 일반 로스터로 볶은 뒤 뜸 들이기를 거쳐 더 나은 맛을 내는 후처리 기계로도 특허를 땄다.

맛난 커피를 만들기 위해 커피콩을 볶는 것은 참으로 행복한 일이다. 커피콩을 볶을 때 고소한 향기가 난다. 어릴 적 할머니를 따라 장에 가서 맡은 기름집 깨 볶는 고소한 향기가 나를 커피 로스터의 길로 이끌었는지도 모른다. 어차피 맛과 향이란 오랫동안 몸속에 쌓인 추억이고, 커피 로스터는 커피를 통해 그 추억을 끌어내는 사람일 테니 말이다. 누군가를 위해 그의 몸속에 밴 추억을 끌어내는 것, 그보다 행복한 일이 있을까? 오늘도 나는 내가 볶은 커피를 마시고 행복한 표정을 지을 누군가를 그리며 로스터 앞에 서 있다.

2

맛있는 커피를 찾아서

커피
투어

커피가 시다면 잘못 볶은 겁니다?

커피 투어는 지금도 간간이 하지만, 몇 년 전까지 참 열심히 다녔다. 책에 나온 집, 인터넷에 나온 집, 아는 바리스타가 추천하는 집… 정말 많은 커피집을 찾아다녔다. 그리고 많은 사람을 만났다. 맛있는 커피 한 잔을 마시며 행복함에 젖기도 했고, 아쉬움과 실망감에 발걸음을 돌리기도 했다.

"커피 한잔하고 가지, 우리 커피 맛있는데…."

진작부터 그 집에 가보고 싶었다. TV 프로그램에서 본 경상도 바닷가 카페인데, 손님 없는 카페 주인이 지나가는 차를 보며 던진 혼잣말이 가슴에 와 박혔기 때문이다. 젊은 부부가 안정된 삶을 과감히 버리고 2년간 유럽 여러 나라로 커피 여행을 다녀왔다고 했다.

　그 집 커피 맛이 궁금했다. 마침 부산에 갈 일이 있어 볼일을 마치고 그 카페로 향했다. 부산에서도 꽤 먼 거리였다. 세 시간 가까이 운전해서 해가 뉘엿이 넘어가는 저녁에 도착했다. 카페에 들어서니 TV 방송 덕인지 제법 북적였다. 오늘의 드립을 주문하고 바다가 보이는 작은 방에 아내와 함께 앉았다. 드디어 나온 커피를 기대감에 부풀어 한 모금 마셨다. 아내와 눈이 마주쳤다. 솔직히 좀 실망스러웠다. 커머셜 커피숍에서 파는 아메리카노와 비슷하달까, 그보다 조금 구수한 정도랄까….

　카운터로 가서 정중히 부탁했다.

　"저는 산미가 있는 커피를 좋아하는데요, 혹시 좀 새콤한 커피 있으면 한 잔 더 마시고 싶습니다."

　"새콤한 커피를 드시고 싶으면 커피에 식초를 조금 타면 됩니다."

　나는 순간 농담이라 생각했다.

　"예에? 커피에 식초를 탄다고요?"

　"네. 새콤한 커피를 마시고 싶으면 식초를 타고, 달콤한 커피를 마시고 싶으면 설탕을 타면 됩니다."

　농담인지 진담인지 헷갈리는 참에 주인이 쐐기를 박았다.

　"커피가 시다면 잘못 볶은 겁니다!"

머릿속이 하얘졌다. 생두에 담긴 다양한 맛을 로스팅해서 끌어내는 게 커피 로스터의 일이고, 손님이 가장 좋아하는 맛으로 내리는 게 바리스타의 일인데, 그가 볶고 내린 커피에는 어떤 철학이 담겨 있을까? "다양한 맛이 있지만, 저는 조금 구수하면서 은은한 맛이 나는 커피를 지향합니다. TV를 보고 찾아주시는 분들이 가장 선호하는 맛이기 때문이지요"라고 했다면 내 마음이 조금 덜 무거웠을까? 그 집에 다녀와서 며칠 동안 마음 앓이, 몸 앓이를 했다.

나는 유명해지는 게 겁난다. 누군가 내 커피를 마시고, "기대한 맛이 아니네요"라고 말할까 두렵기 때문이다.

사람마다 좋아하는 맛이 다르듯이 맛은 매우 주관적이다. 같은 커피를 마셔도 사람마다 다르게 느낄 수 있다. 모든 사람이 느끼는 보편적인 맛이 있는가 하면, 어느 정도 훈련을 거쳐야 느끼는 맛도 있다.

나는 홍어를 처음 맛본 때를 기억한다. 먹다 보면 그 맛을 알게 된다는 친구들의 말을 믿어보기로 하고, 어느 날 용기를 내서 홍어 한 점을 입에 넣고 씹는 둥 마는 둥 꿀떡 삼켰다. 이내 목구멍에서 올라오는 암모니아 특유의 역한 냄새에 속은 울렁거리고, 톡 쏘는 맛에 눈물은 핑 도는데, 그 당혹스러움이라니….

두 번째 먹을 때도 그랬다. 그런데 참 묘하게도 두 번째 먹고 나서는 자꾸 그 맛이 생각났다. 세 번째부터 먹을 만하다가 이제는 제대로 삭힌 홍어를 찾고, 없어서 못 먹는 지경이다. 맛은 주관적이지만 홍어처럼 어느 정도 훈련을 통해서 알 수 있는 '좋은 맛'이 있다. 커피나 차도 그렇다.

경산에서 오신 손님

몇 년 전 필자가 운영하는 작은 카페에 손님이 찾아오셨다. 일요일은 영업하지 않지만, 밀린 일을 하거나 벗들과 커피를 마시며 카페에서 시간을 보내는 경우가 많았다. 잠시 외출했다가 돌아오니 바bar에 40대로 보이는 남자분이 앉아 계셨다. 그 손님과 이야기를 나누던 내 벗은 마침 주인이 와서 다행이라며 자리를 떴다.

경북 경산에 사는 분으로, 커피 투어 중이라 했다. 전날 강릉 커피집 몇 곳에 들렀는데 생각보다 그저 그랬단다. 여기를 어떻게 알고 찾아오셨는지 묻자, 사모님이 '천안에 숯불 가마에 손으로 커피를 볶는 특이한 카페가 있다'는 정보를 인터넷에서 봤다며 꼭 들러보라고 권했단다. 커피 한 잔 맛보겠다고 먼 길을 달려오신 것이다.

"오! 이 집에 피베리가 있네요. 귀한 종류라 가지고 있는 집이 드물던데, 피베리로 한 잔 내려주시겠어요?"

주문하는 목소리에서 기대와 우려가 배어난다. 그분을 보며 커피 투어를 다니던 내 모습이 떠올랐다. 칼리타 드리퍼에 종이 필터를 접어 올리고 끓는 물로 린스를 했다. 핸드 밀로 간 피베리 원두를 드리퍼에 담고 몇 번 흔들어 가지런히 하고 오목하게 물이 고이는 자리를 만들었다.

"린스도 하시네요?"

"네. 종이 냄새도 없애고, 필터를 드리퍼에 붙이고, 서버도 데워야 하니까요."

"여러 카페에 다녀봐도 린스하는 곳은 드물던데…."

"작은 거라도 기본을 지키지 않으면 제맛이 안 나서요."

내 손놀림 하나하나 놓치지 않고 보는 시선이 따갑다. 뜸을 들이고 나서 드립을 시작했다. 커피가 방울방울 떨어지자 은은하고 따뜻한 향이 피어오르며 카페 안은 어느새 커피 향으로 그득하다.

"평소에 조금 진하게 드시는지요?"

"네, 진하게 마시는 편입니다."

나는 내린 커피에 물을 넣지 않고 데워둔 잔에 가득 부어드렸다. 그분은 먼저 향기를 맡고 입에 한 모금 머금었다. 그리고 잠시 뭔가 생각하더니 잔을 내려놓았다. 긴장되는 순간이었다.

"왼손 끝에서 어깨까지 소름이 쫙 돋네요. 어떻게 피베리에서 파나마 게이샤보다 깊고 그윽한 풍미가 나지요? 정말 놀랍습니다. 감동적인 맛이네요."

나는 순간 안도의 한숨을 내쉬었다.

"감사합니다."

그분은 너무나 즐겁고 행복하게 커피를 다 마셨다. 콜롬비아 메데인을 한 잔 더 내려드렸다. 커피를 마시는 동안 유쾌한 이야기를 나누며 행복한 시간을 보냈다. 서둘러 가셔야 한다기에 차에서 드시라고 에티오피아 아리차로 아이스커피를 만들어 테이크아웃 잔에 담아드렸다. 인사를 나누고 헤어졌는데, 잠시 후 그분이 커다란 수박을 들고 다시 오셨다.

누군가 내 커피를 맛있게 마실 때 그 행복감은 이루 말할 수 없다. 불 앞에서 열기와 매캐한 연기를 고스란히 견디며 커피를 볶는 수고로움이 형용할 수 없는 희열로 변하는 시간이다. 커피 로스터로서 어찌 이보다 행복할 수 있으랴!

정성으로
만든 커피

여기 정신 나간 사람 하나 또 있네

커피 만드는 일을 하면 '내가 만드는 커피가 어느 정도일까?' '손님들이 맛있다고 하는 말씀이 정말일까? 인사치레는 아닐까?' 하는 생각이 든다. 이럴 때는 남이 만드는 커피를 마셔보는 게 정답이다. 남이 만드는 커피 맛을 많이 봐야 자신의 커피를 돌아보고, 매너리즘에 빠지지 않을 수 있기 때문이다. 필자는 요즘도 맛있다는 커피집은 찾아가 맛을 보곤 한다.

몇 년 전부터 친하게 지내는 전 교수가 청주에도 숯불로 볶아 핸드 드립 하는 커피집이 있다는 이야기를 했다. 국내에 숯불 로스팅을 내걸고 운영하는 커피집이 여러 곳 있지만, 대개 열원만 숯불로 사용하거나 일부를 숯불에 볶아 매우 비싸게 판매한다. 숯불로 볶아 영업하는 게 쉬운 일이 아님을 알기에 청주 커피집이 무척 궁금했다. 마침내 전 교수를 졸라 숯불로 볶는다는 집을 찾아갔다.

청주향교 근처 옛 주택가 골목으로 들어가자 시골 마을 이발소였을 법한 건물이 나오고, 그곳이 카페임을 알리는 자그마한 간판이 달려 있었다. 콧수염을 기르고 나비넥타이를 한 주인이 손님을 반긴다. 30대 후반으로 보였다.

"여기 정신 나간 사람 하나 또 있네."

나는 한편 반가운 마음에 실례가 될 수 있는 말을 툭 던졌다.

"저는 정신 안 나갔는데요."

말을 받아내는 솜씨가 있다.

"이런 구석에서 커피집을 하겠다는 사람이 정신 나간 거지 안 나간 거여?"

"저는 정신 안 나갔습니다."

꼬박꼬박 받아치는 말본새가 밉지 않다. 일단 나지막한 바에 앉았다. 우리 커피집 바와 높이가 비슷하다. 반갑다. 가게 안을 둘러보니 철제 테이블 몇 개, 주방에는 커피잔 몇 개와 드리퍼, 서버, 핸드 밀, 가스레인지와 주전자, 냉장고 한 대. 단출하기 이를 데 없는 살림살이다. 메뉴도 오늘의 드립과 싱글 오리진 몇 종류가 전부다.

"라테나 마키아토 같은 베리에이션은 안 해요?"

"네."

흔하디흔한 생과일주스도 없다. 오로지 커피로 승부를 내겠다는 고집이 느껴진다. 오늘의 바리스타 추천 메뉴를 묻자, 과테말라 커피가 맛있으니 한번 드시라 한다. 과테말라 안티구아를 주문하고 잠시 기다리니, 가스레인지에 주전자를 올려 물을 끓이고 서버에 물을 이리저리 부어가며 식힌다. 하리오 드리퍼에 종이 필터를 얹고 린스한 뒤에 물을 부어 뜸을 들인다. 그리고 드립 주전자를 돌려가며 드립을 한다. 나와 방법은 조금 다르지만, 분명히 기본을 철저히 지키고 있다. 드립을 다 하고 서버에 담긴 커피를 따뜻하게 데운 잔에 부었다.

"드립은 어디서 배웠어요?"

"저 혼자 연습해서 가장 맛있다고 느낀 방법으로 내리고 있습니다. 커피숍에서 일한 적이 있는데 아무도 가르쳐주지 않더라고요. 손님들은 자꾸 드립을 누구한테 배웠냐고 물어요. 드립을 이상하게 한다면서요."

"드립을 참 잘하고 있는데요."

"그래요? 그렇게 말씀하는 분은 선생님밖에 안 계세요. 전 무엇이 틀렸는지 잘 모르겠어요. 남들 하는 것은 별로 본 적도 없고…"

"드립 할 때 반드시 지켜야 할 것이 있는데, 지금 사장님은 그 원칙을 잘 지키시네요. 원두가 좋다면 이렇게 내린 커피는 분명 맛있을 겁니다."

나는 잔을 들어 먼저 향을 맡았다. 짙은 과일 향과 새콤한 향이 훅 들어온다. 쌉싸름하면서도 독특한 과테말라 커피 내음이 잘 묻어났다. 한 모금 머금으니 산미가 먼저 들어오고, 입속에서 깊은 단맛이 혀를 감싼다. 진하게 올라오는 바디감까지…. 깜짝 놀랐다. 내가 추구하는 커피 맛과 방향이 비슷하다. 색깔은 다르지만 내가 만든 커피를 마시는 듯했다. 그가 약간 긴장한 표정으로 물었다.

"어떠세요?"

"그동안 돌아다니면서 마신 커피 중 최고예요. 정말 잘볶고 잘 내렸네요. 훌륭합니다."

"아! 감사합니다."

그는 어린아이처럼 기뻐했다. 그 기분을 충분히 알기에 덩달아 행복해졌다.

새벽에 물을 길어 항아리에 채우는 정성으로

맛있는 커피를 한 잔 마시면 참으로 행복해진다. 누군가가 마시고 행복해하는 커피를 만들면 더 행복해진다. 그러기에 커피 로스터는 볶는 데 최선을 다하고, 바리스타는 내리는 데 최선을 다한다.

"숯불로 볶는다던데, 한 번에 얼마나 볶습니까?"

"저는 180g씩 볶아요. 양을 달리해서 여러 번 볶아봤는데, 180g이 가장 좋더라고요."

"그러면 하루에 세 시간은 걸리겠네요."

"네, 매일 아침 가게에 나와 문을 열기 전에 세 시간 동안 커피를 볶습니다."

"어렵지 않아요? 보통 일이 아닐 텐데…."

"물론 힘들죠. 직장인도 하루에 여덟 시간은 꼬박 일하잖아요? 커피가 제 일이니까, 그 정도는 해야 한다고 생각합니다."

그 말을 듣고 나는 그가 존경스러웠다. 그런 정신이라면 무엇이라도 할 수 있을 것이다. 한편으로는 그의 수입이 걱정됐다.

"온전히 드립 커피만으로 유지가 돼요? 생활은 해야 하잖아요?"

"저는 하루 40잔을 목표로 합니다. 더 할 수도 있지만, 하루 40잔이 제가 손님에게 최고로 대접할 적당량이라 생각합니다. 지금도 제 생활 잘 유지하고 있고요."

여러 커피집을 돌아다니다 보면 주인이 분명한 자기 철학을 가지고 운영하는 집은 처음에 고전하더라도 시간이 지나면 안정된다. 이 정도면 분명 성공할 거라는 생각이 들었다. 이야기를 나눌수록 이 남자가 좋아졌다.

"물은 어떤 물을 씁니까?"

"여기서 멀지 않은 곳에 한국수자원공사가 만든 약수터가 있습니다. 그 약수터 물을 길어다가 항아리에 2~3일 가라앉혀 사용합니다. 이런저런 물을 써봤는데, 그 물로 내린 커피가 제일 맛있습니다. 이런 이야기를 하면 대부분 웃지만요."

필자는 오랫동안 차를 마셨기 때문에 그의 말에 전적으로 동의한다. 물은 다도에서 가장 중요한 요소다. 추사 선생도 새벽에 일어나 산속 우물가에 처음 올라오는 물로 차를 우리셨다고 한다. 물맛에 따라 커피 맛이 달라지는 것은 당연하다.

하지만 그의 커피가 맛난 것은 커피 한 잔을 내리기 위해 수고를 무릅쓰고 멀리 가서 물을 긷고, 그 물을 항아리에 담아 가라앉히는 작업을 하는 정성 때문이 아닐까? 돈을 많이 벌기 위해 점점 더 싼 재료를 찾고, 원두 양을 줄이고, 사이드 메뉴를 개발해 어떻게 하면 객 단가를 높일지 고민하는 시대에 어쩌면 그는 좀 뒤떨어진 사람인지도 모른다.

수천만 원짜리 첨단 기계로 얼마든지 편하고 빠르게 마

실 커피가 널린 시대에, 간단한 도구로 번거롭게 시간과 품을 들이는 핸드 드립 커피는 참 원시적이다. 그런데도 핸드 드립 커피 애호가가 느는 까닭은 뭘까? 첨단 디지털 시대에 아날로그적 감성이 담겨서인지도 모르지만, 분명 기계로 내린 커피보다 깊고 그윽한 맛이 나는 것은 나만의 착각이 아닐 것이다.

과테말라를 시작으로 에티오피아 시다모, 케냐까지 연거푸 마셨다. 한결같이 커피의 특징을 잘 살려 볶았고, 깔끔하게 잘 내렸다. 해가 뉘엿이 넘어가고 어둠이 깔릴 때까지 우리는 커피를 마시며 많은 이야기를 나눴다. 유쾌하고 즐거운 시간이었다.

"정말 잘하고 계신 거예요. 그 마음 꼭 지키고 더 좋은 커피 만들어주세요."

문 앞까지 배웅하는 그에게 인사를 남기고 향교 앞으로 나오는데, 골목에 커피 향이 가득한 듯했다. 커피와 사람 향기가 그리운 분은 청주에 가실 일이 있거든, 청주향교 바로 옆 카페 '이상'에 들러보시길.

어떤 커피가
맛있는 커피일까?

커피는 왜 쓸까? 커피가 우리나라에 본격적으로 보급된 것은 미군 부대에서 흘러나온 인스턴트커피를 다방에서 판매할 때부터다. 쓴맛이 강한 인스턴트커피에 우유와 설탕을 타서 마시는 인구가 늘어나자, 1968년 설립한 동서식품이 커피 국산화에 나선다. 1974년에 우유 대신 야자유로 만든 프리마를 개발하고, 커피와 설탕과 프리마를 한 봉지에 담은 일회용 커피믹스를 판매하면서 커피는 그야말로 한국인이 가장 사랑하는 음료가 됐다.

우리나라 사람들은 일단 커피는 쓴 것, 그 쓴맛을 줄이기 위해 설탕과 크림을 타 마시는 음료로 인식했다. 그리고 달콤한 믹스커피는 대표적인 커피 음료로 자리 잡았을 뿐만 아니라, 세계적으로도 명성을 얻었다.

원두커피가 우리나라에 보급된 것은 1988년 압구정동에 '쟈뎅'이라는 커피집이 생긴 이후다. 필자가 살던 천안에도 1992년 쟈뎅이 문을 열었다. 지리산에서 커피 맛을 안 뒤, 줄곧 원두커피에 대한 그리움이 있던 필자는 쟈뎅으로 달려갔다. 기대에 부풀어 주문한 아메리카노는 첫 모금부터 끝까지 쓰기만 하고 도무지 아무 맛도 없었다. 인스턴트커피는 군인을 각성시키기 위해 싼 원두로 카페인 성분만 강조해서 만들었으니 쓴 것이 당연하다 해도, 원두커피는 맛있고 커피의 다양한 맛이 날 거라는 기대가 산산이 부서진 순간이었다.

필자에게 아메리카노는 그저 뭔가를 태운 것에 물을 섞은 맛이었다. 이렇게 쓴 물을 돈을 내고 마신다니, 참 이해할 수 없는 일이라 생각했다. 원두커피에 대한 그리움이 있던 필자에게는 도무지 적응도, 이해도 되지 않는 맛이었다.

"커피는 왜 쓸까요?"

로스팅 수업 첫 시간에 학생들에게 묻는다.

"태워서요."

명답이다. 그렇다면 커피를 왜 태울까? 최소한 태우지 않더라도 지나치게 볶기 때문이다. 여기에는 몇 가지 이유가 있다.

첫째, 역사적인 이유다. 커피를 본격적으로 마시기 시작한 시기는 에티오피아에서 예멘으로 건너오면서부터라고 한다. 이때는 커피를 음료라기보다 이맘*이 잠을 쫓는 약으로 마셨다. 이들은 제즈베cezve**로 커피를 끓여 마셨는데, '달인다'는 표현이 어울릴 만큼 매우 강하고 진한 커피가 된다.

커피콩을 언제부터 볶아서 사용했는지 분명하지 않지만, 볶지 않은 커피콩을 달이면 아리고 떫은맛이 날 수 있다. 이를 방지하기 위해 볶아서 사용하고, 많은 성분을 더 빠르고 쉽게 뽑아내기 위해 분쇄했으리라 추측한다.

당시에는 커피콩을 팬 같은 도구로 볶았을 텐데, 팬으로 골고루 볶기는 어렵다. 일부는 덜 익고, 일부는 타버리는 경우가 많았을 것이다. 커피를 약으로 마셨으니 덜 익어 떫고 아린 맛이 나는 것보다 강하게 볶아 사용하는 게 좋았을 것이다. 강하게 볶아 진하게 우려내다 보니 쓴맛이 더욱 강해졌을 것이다.

커피가 유럽으로 전파되면서 카페 문화가 생겨났다. 카페에서는 어떻게 하면 빨리, 많은 커피를 추출할지 고민한

---

* 이슬람교 교단의 지도자를 가리키는 직명. 이슬람교에는 사제가 따로 없다.
** 손잡이가 달린 튀르키예식 커피 냄비. 영어권에서는 이브릭(ibrik)이라고 한다.

다. 그 결과 높은 열과 압력을 이용한 에스프레소 머신을 만들었다. 커피를 높은 열과 압력으로 뽑아내면 쓴맛이 진해진다. 볶음도*가 같아도 핸드 드립과 에스프레소 머신으로 내린 커피를 비교하면 에스프레소 머신으로 내린 커피가 쓴맛이 강하다.

유럽 사람은 이렇게 진한 커피에 익숙하고, 진함은 쓴맛으로 느껴진다. 에스프레소에 물을 부은 것이 아메리카노다. 그러니 아메리카노도 쓴맛 위주로 만들어질 수밖에 없다. 아메리카노가 세계적으로 보편적인 커피가 되어, 사람들은 '커피＝쓴맛'이라는 공식을 그대로 받아들일 수밖에 없었을 것이다.

둘째, 길든 입맛에 있다. 앞서 언급한 역사적인 이유로 사람들은 오랜 세월 '커피＝쓴맛'에 익숙하다. 인간은 익숙한 것에 편안함을 느끼고, 새로운 것에는 두려움이나 거부감을 드러낸다. 이는 인간의 생존 본능과 연관이 있다. 수렵 생활 시대에 자신과 다른 존재는 위협의 대상이었다. 동물도, 다른 부족도 마찬가지다. 자신과 다른 존재에 거부감이 들고, 그 거부감이 커지면 혐오의 대상이 된다. 이

---

* 커피를 볶는 정도를 일본어로 '배전도'라고 한다. 이제 '볶음도'라는 우리말로 쓰면 좋겠다.

런 현상은 현대 문명사회에도 그대로 남아 있다. 따지고 보면 장애인이나 성 소수자에 대한 혐오도 인간의 보호 본능에 기인한다고 할 수 있다. 다만 인간은 교육을 통해 이런 본능을 극복하고, 모두 함께 살아가야 하는 동등한 존재로 인정하는 것이다. 우리는 이를 문명이라 부른다.

한편 익숙한 것에는 편안함을 느낀다. 이는 인간과 인간 사이뿐만 아니라 인간과 사물 사이에도 그렇다. 편안함은 익숙함이라는 말과 다름없다. 우리는 오랫동안 봐왔고 함께해서 익숙한 것, 즉 내 세계의 일부로 자리 잡은 것에서 편안함을 느낀다. 인간의 입맛은 더더욱 그렇다. 한 문화권에서 맛나게 먹는 음식이 다른 문화권에서는 혐오 식품인 경우가 허다하다. 색다른 음식에는 본능적으로 거부감이 들고, 그 거부감을 걷어내고 익숙해져서 맛있는 음식으로 자리 잡히기까지 많은 시간과 노력이 필요하다.

사람들은 커피가 쓰지만, 카페인이 필요해서 '그냥' 마시다가 습관적으로 찾게 된다. 커피에는 다양한 맛이 있고, 그 맛을 즐기는 것도 무척 행복한 일이라고 생각이 바뀐 지 그리 오래되지 않았다.

필자가 커피콩을 볶기 시작한 때만 해도 커피 맛을 즐기는 사람이 많지 않았다. 그러다가 몇몇 로스터리 카페가 생기고 커피 동호회나 모임이 만들어지면서, 맛으로 마시는 커피에 대한 인식이 퍼졌다. 쓴 커피에 익숙한 사람이 여전히 많지만, 제대로 맛을 내는 커피 로스터나 바리스타 는 얼마 되지 않는다.

커피콩을 다양한 맛이 나도록 볶기란 결코 쉬운 일이 아니다. 다양한 맛을 내려면 볶음도가 약해야 한다(약 볶음이나 중 볶음). 문제는 이때 필연적으로 생기는 풋내, 아린 맛, 떫은맛 등 잡맛을 제대로 잡아내지 못하면 역한 커피가 된다. 산미가 있는 커피를 극단적으로 싫어하는 이들은 대부분 이런 역한 커피 맛을 경험했기 때문이다. 강 볶음 한 커피의 쓴맛에 익숙한 사람이 새콤하지만 역한 맛이 나는 커피를 마셨다면 싫어할 수밖에 없다. 이런 이유로 상당수 일반인은 산미가 있는 커피를 거북하게 생각한다. 그렇다면 아무리 다양한 맛이 나는 커피를 만들어도 일반 손님에게는 환영받지 못한다.

어쩌다 맛있는 커피를 접하고 이런저런 과정을 거쳐 커피를 배운 뒤 개업한 수많은 개인 로스터리 카페의 주인이 얼마 안 가서 좌절을 맛보고, 결국에 강 볶음 커피로 전환하는 경우가 많다. 이러니 정말 맛있는 커피를 만들기 어렵고, 일반 손님도 맛있는 커피를 맛볼 기회가 적어진다.

셋째, 나쁜 맛을 감추는 상업주의에 있다. 커피는 품질에 따라 등급이 나뉜다. 다양한 용어를 사용하지만, 커피의 품질을 결정하는 가장 큰 요소는 생두 속의 결점두 비율이다(뒤에서 자세히 다룬다). 이 결점두 중에서 가장 문제가 되는 것은 곰팡이 핀 생두다. 곰팡이 핀 생두는 웬만큼 볶아서는 아리고 떫은맛이 없어지지 않는다. 곰팡이 핀 생두가 섞이면 아주 역한 맛이 난다.

결점두는 반드시 손으로 골라내야(핸드픽) 한다. 골라내기는 커피 로스터에게 필수적인 일이지만 참으로 지난한 작업이다. 엄청난 시간과 노력이 필요하다. 커머셜 커피숍에서는 골라내기가 거의 불가능하다. 결점두를 골라내지 않은 생두를 약 볶음 하면 떫고 아린 맛이 나니, 거의 태우는 수준으로 강 볶음 할 수밖에 없다. 탄 맛이 모든 맛을 삼켜버리기 때문이다.

또 다른 이유는 프랜차이즈 커머셜 커피숍이 매장마다 일정한 맛을 내기 위해서 강 볶음 하는 경우가 많다. 커피는 농산물이라 지역과 작황에 따라 품질이 다를 수밖에 없다. 커피집을 운영해본 사람은 알겠지만, 커피의 맛은 그라인더와 에스프레소 머신에 따라서도 편차가 크다. 같은 그라인더를 사용해도 그날그날 온도와 습도에 따라 맛이 다르다. 거의 모든 커피집 주인은 이 문제로 스트레스를 받아본 경험이 있다. 일정한 커피 맛을 내기는 거의, 아니 완전히 불가능한 일이다. 그러나 손님은 늘 일정한 커피 맛을 기대한다. 프랜차이즈라면 더욱 그럴 것이다. 같은 커피집에서도 매번 일정한 맛이 나는 커피를 만들 수 없는데, 곳곳에 매장이 있는 프랜차이즈에서 늘 같은 맛을 내기는 불가능하다.

커피는 강하게 볶을수록 맛이 비슷해진다. 다양한 맛은 사라지고 고소한 맛이 남고, 그 단계를 지나면 탄 맛이 난다. 탄 맛이 나면 어떤 커피를 사용해도 같은 맛이 난다. 커머셜 커피숍에서 쓴 커피를 양산하는 이유다. 그렇게 소비자도 쓴 커피에 익숙해지고, 쓴 커피가 시장의 주류가 된다.

커피 맛은
무엇이 결정할까?

커피 향

"커피 향만큼 커피가 맛있다면 얼마나 좋을까요?" 커피 집을 하면서 참 많이 듣는 말이다. 커피를 좋아하든 아니든 커피 향기를 싫어하는 사람은 없다. 커피 향은 생두일 때 나고, 볶을 때 나고, 원두가 숙성될 때 나고, 분쇄할 때 나고, 커피를 내릴 때 나고, 마실 때도 난다. 이때 향기는 모두 다르다.

생두 포대를 뜯었을 때 올라오는 향기로 생두에 대한 많은 정보를 얻을 수 있다. 에티오피아 계열 커피콩은 잘 익은 과일 향이나 꽃향기가 난다. 남미 계열 커피콩에서 약간 꼬리꼬리한 향이 나는 경우도 있다. 생두가 오래돼 산패하거나 변해가는 것과는 조금 다르다. 발효가 진행되는

올드 빈에서 나는 냄새와도 다르다. 꼬리꼬리해도 뭔가 신선한 느낌이 있고 아주 매력적인 향이다. 어떤 생두에서는 묵직하고 구수한 냄새가 난다. 이런 향이 커피의 특성을 결정짓는 것은 분명하다.

볶을 때 나는 향기는 특히 매력 있다. 처음 투입하고 수분 날리기를 할 때 올라오는 풋내, 생두의 고유한 향에 불이 더해지며 수분과 함께 빠져나오는 그 향기는 나름의 독특한 매력이 있다. 그러다 수분이 모두 빠지고 익히는 과정에서 누렇게 변하던 생두가 점점 짙은 갈색을 띠며 볶일 때 나는 고소한 향기는 어쩌면 커피 로스터가 누리는 특권인지도 모른다.

필자가 숯불 로스팅을 주로 하던 때는 카페 밖에 만든 가마에서 커피콩을 볶았다. 지나가는 사람들이 그 고소한 향기에 이끌려 한참을 바라보다 한마디씩 했다.

"냄새가 참 고소하고 좋네요."

커피 로스터는 로스팅할 때 점점 변해가는 커피콩 냄새를 맡으며 어느 정도 볶였는지, 커피콩의 특성에 따라 로스팅 포인트를 어느 정도로 잡아야 하는지, 언제쯤 크랙을 유도할지 결정한다.

이렇게 볶은 원두는 2~3일 숙성 기간을 거친다. 이때 가끔 병을 열어 냄새를 맡아보고, 병 속에 담긴 가스를 배출한다. 병에 코를 대고 숨을 들이마시면 살짝 발효되는 냄새와 더불어 커피 고유의 고소하고 새콤한 향기가 뒤섞여 올라온다. 나는 이 향기를 무척 사랑한다. 좋은 생두와 그 생두를 잘 볶은 원두는 참으로 기분 좋은 향기를 선물한다.

원두를 분쇄할 때는 또 다른 향기가 난다. 나는 원두를 핸드 밀로 가는 것을 좋아한다. 핸드 밀을 왼손으로 잡고 오른손으로 손잡이를 돌리면 자연스럽게 핸드 밀이 가슴 쪽에 오는데, 이때 은은하게 고소한 향기가 올라온다. 이 향기는 원두 상태일 때와 확연히 다르다. 입자가 분쇄되면서 커피 향이 한꺼번에 터져 나온다고 할까. 이 향기를 맡으며 커피를 내리면 어떤 맛이 날까, 어떤 향기가 날까 상상하는 것도 무척이나 행복한 일이다. 핸드 밀로 간 원두 가루를 드리퍼에 붓고 뜸을 들이려고 물을 부으면 공간이 고소하고 향긋한 향으로 가득 찬다. 이때 나는 향기가 가장 강렬하다. 이 냄새를 맡고도 커피가 마시고 싶지 않은 이가 있을까?

사람의 기억에 가장 오래 남는 감각이 후각이라고 한다. 한번 뇌리에 박힌 냄새는 쉽게 지워지지 않는다. 커피는 입으로 마시기 전에 코로 마신다!

커피에 있는 다양한 맛

코로 커피를 마신 뒤에는 입으로 마신다. 먼저 커피를 한 모금 머금고 넘기기 전에 입 전체로 맛을 보는데, 이때 참 다양한 맛이 느껴진다.

"커피에는 다양한 맛이 있다. 단맛, 신맛, 고소한 맛…." 여기에 한술 더 떠서 레몬 맛이 난다느니, 다섯 종류 과일 맛이 난다느니 이야기한다. 커피집에서는 이를 인쇄물로 만들어 커피 주문을 받는다. 필자도 지리산에서 커피를 맛보지 못했다면 이런 말을 호사가의 호들갑으로 치부했을지 모른다. 쓰기만 한 커피를 마시면서도 어딘가에는 그 맛 좋은 커피가 있으리라 생각했다. 마침내 커피를 볶고 내리게 됐을 때, 커피에는 정말 다양한 맛이 있다는 것을 새삼 깨달았다.

고소함과 쓴맛의 줄타기

커피의 역사를 이야기할 때 빠지지 않는 것이 에티오피아 목동 칼디 이야기다. '염소들이 빨간 열매를 따 먹고 흥분해서 돌아다니는 것을 보고 칼디가 먹어보니 맛있고 기분이 상쾌해져, 그 열매를 이슬람 사원으로 가져가 이맘에게 바쳤다'는 것이다. 물론 이 이야기는 소설일 것이다. 1000년도 더 된 일을 이름까지 정확하게 기술한 것도 재미있다. 그러나 신화나 전설은 그것이 만들어진 문화사적 배경과 의미가 있다.

칼디는 커피가 성행한 에티오피아의 지명이기도 하다. 염소가 먹고 흥분해 돌아다녔다는 것은 카페인 때문이기도 하겠지만, 에티오피아인이 오래전부터 커피 체리를 각성제나 흥분제로 사용했으니 염소의 흥분은 부족의 축제를 의미할 수 있다. 실제로 에티오피아인은 예부터 커피를 식품이나 약품으로 사용했고, 축제를 위한 음식이나 음료를 만드는 재료로 썼다.

'이슬람 사원으로 가져가 이맘에게 바쳤다'는 부분은 커피가 이슬람 문화와 함께 전파됐다는 것과 관련 있어 보인다. 자연에서 살아가는 사람들은 먹을 수 있는 것과 없는 것을 구별하고, 병을 얻었을 때 치료제도 자연에서 구했다. 축제나 전쟁을 위한 각성제나 흥분제의 성분도 자연에서 구해 사용했다. 아프리카에서 커피는 이런 역할을 하는 좋은 식품 혹은 음료였을 것이다. 이후 중동에서 커피 체리 즙을 발효해 카와Khawah라는 음료를 만들어 먹었다는 것을 봐도 기록에 없을 뿐, 아프리카 지역에서 커피로 술을 빚어 마셨을 가능성이 충분하다. 커피는 아프리카에서 음식이자 약이자 마법의 음료였을 것이다.

이런 매력을 발견하고 자신의 음료로 만든 이는 이맘이

다. 이들은 특히 밤새워 경전을 읽고 공부하기 위해 각성 제로 커피를 사용했다고 전해지는데, 커피콩을 삶아 그 물을 마시거나 액을 추출해 마시다가 볶으면 전혀 새로운 맛이 난다는 것을 알게 되지 않았을까?

이 방법으로 커피를 마시기 시작한 사람은 튀르키예인이다. 이들은 오늘날에도 제즈베를 관광 상품으로 판다. 제즈베에 강하게 볶은 원두를 갈아서 담고 물을 부어 끓이다가, 넘칠 정도가 되면 불에서 뺀다. 약간 식으면 다시 불에 올려 끓이다가 넘칠 정도가 되면 다시 꺼낸다. 이 과정을 반복하면 매우 진하고 쓴 커피가 만들어진다. 이 쓴맛을 가리기 위해 설탕을 넣어 마신다.

이 방법이 십자군 전쟁으로 유럽에 전해지고, 유럽인은 커피 성분을 빨리 추출할 여러 가지 방법을 고안했다. 핸드 드립, 사이펀 추출, 그와 비슷한 모카 포트를 개발하고, 이후 레버식 에스프레소 머신을 만들었다. 마침내 스타벅스의 창업자 하워드 슐츠Howard Schultz는 에스프레소에 물을 타 아메리카노를 선보였고, 이제 스타벅스 아메리카노가 전 세계 커피 맛의 표준이 됐다.

생두를 볶으면 신맛이 먼저 나고, 더 볶으면 점점 고소한 맛이 나다가, 일정한 시점이 지나면 타기 시작한다. 커피에서 고소한 맛은 신맛만큼이나 매력적이다. 어쩌면 현재 커피 애호가들이 가장 선호하는 맛일 수 있다. 고소한 맛은 진하면 쓰게 느껴진다. 에스프레소는 쓴데 물을 타면 고소하다(물론 적당한 볶음도일 때). 고소한 맛이 잘 나도록 볶은 커피로 만든 에스프레소는 처음에 쓴맛이 느껴진다. 하지만 입속에서 침과 섞여 그 농도가 서서히 묽어지면 고소한 맛이 나면서 커피의 다양한 맛이 입안에 퍼진다. 이 맛에 에스프레소를 마시는 것이다.

이때 쓴맛과 탄 맛은 전혀 다르다. 고소함이 진해서 만들어진 쓴맛은 좋지만, 탄 맛은 끝까지 입안을 텁텁하고 역하게 한다. 프로 커피 로스터조차 탄 맛을 고소함이 농축된 쓴맛과 구별하지 못하는 이가 많다. 커피는 약간 태워야 고소하다는 말을 자주 듣는다. 그러나 필자는 커피는 태우면 안 된다고 생각한다. 태운 것이 건강에 좋지 않다는 상식은 둘째 치고, 탄 맛은 다른 모든 맛을 집어삼킨다. 그리고 태운 커피는 뒷맛이 나쁘다. 고소함과 쓴맛의 경계는 아슬아슬한 줄타기와 같다. 고소함과 기분 좋은 쌉싸름한 맛, 그 경계의 줄타기도 커피의 매력이다.

쓴 커피에서 다양한 맛이 나는 커피로

'커피는 쓰다'는 전통에 반기를 들고, '커피는 새콤하다'는 혁명을 일으킨 주인공은 일본인이다. 일본 커피의 역사는 우리가 생각하는 것보다 훨씬 깊다. 1878년 고베의 호쿠도에서 커피를 팔았다는 기록이 있고, 1880년대에 도쿄를 비롯한 대도시 찻집에서 커피를 팔았다. 이들이 커피를 내리는 방식은 주로 핸드 드립인데, 별다른 장비가 없어도 손쉽게 내릴 수 있기 때문이다. 커피를 처음 접하는 사람에게는 기계로 내리는 진한 커피보다 손으로 내리는 부드러우면서 은은한 커피가 입맛에 잘 맞았을지 모른다.

다도 문화가 꽃핀 당시 일본에서는 커피도 차의 한 종류로 받아들였을 테고, 일본의 바리스타는 커피가 왜 써야 하는지 의문이었을 것이다. 커피콩은 어차피 과일 씨앗이라 그 과일의 새콤달콤한 맛이 있는데, 왜 굳이 태우다시피 해서 쓴 커피를 마시는지 의아하지 않았을까? 조금 덜 볶아 다양한 맛이 나면서 부드러운 커피가 당시 일본인 입맛에 잘 맞았을 것이다.

커피에서 산미는 생두 고유의 산 성분이 볶이면서 다른 성분과 결합해 생기는 독특한 맛이다. 볶지 않은 생두를 씹거나 약간 삶아서 마셔보면 우리가 커피를 마실 때 나는 산미는 거의 느껴지지 않는다. 생두를 볶으면 훨씬 강한 산미가 난다. 커피의 산미는 단순한 신맛이 아니라 다른 여러 가지 맛을 느낄 수 있는 베이스 역할을 한다.

생두를 볶으면 수분이 날아가 풋내가 사라지고 점점 고

소한 향으로 바뀌는데, 이때 흐린 밤색이 된다. 이 정도 볶은 원두로 커피를 내리면 신맛보다 아리고 떫은맛이 강한데, 이는 커피의 타닌과 단백질, 생 탄수화물의 성분이 남아 있기 때문이다. 날콩을 먹으면 비린 맛부터 나는 것과 같은 이치다. 이후에 더 볶으면 진한 갈색으로 바뀌다가 1차 크랙이 일어난다. 크랙이 일어나기 직전에 꺼낸 원두와 크랙이 일어난 직후 원두는 맛이 완전히 다르다. 1차 크랙 전의 원두는 아리고 떫은맛이 강하지만, 크랙이 일어난 뒤의 원두는 아리고 떫은맛이 확연히 줄고 산미가 난다. 1차 크랙이 일어난 직후의 원두를 약 볶음이라 하는데, 이때 가장 다양한 맛이 난다.

커피콩은 과일 씨앗이기에 과일의 새콤한 맛이 있다. 그러므로 커피의 다양한 맛은 기본적으로 산미를 바탕으로 한다. 일단 산미가 있고, 그 산미 속에 있는 다양한 맛이 전체적으로 어우러져 '좋은 맛'을 낸다. 그러므로 커피 맛의 기본은 산미라고 해도 과언이 아니다.

여기에는 치명적인 문제가 있다. 앞서 약 볶음(1차 크랙이 일어난 직후) 원두가 가장 다양한 맛이 난다고 했는데, 이 다양한 맛에는 '비리고 아리고 떫은맛'도 있기 때문이다. 이런 잡맛이 섞이면 산미는 신선하고 새콤한 맛이 아니라, 시큼하고 역한 맛이다. 많이 볶을수록 잡맛이 사라지고, 더불어 산미도 점점 약해진다.

약 볶음 원두에서 산미는 양날의 칼과 같다. 어느 시점에 타협하느냐가 커피 로스터의 영원한 숙제다. 필자는 '산미가 강한 약 볶음 원두에서 잡맛을 없앨 방법은 없을까?' 고민했다. 돌이켜보면 커피 로스터로서 필자의 삶은 이 문제를 해결하기 위한 과정이었다고 할 수 있다.

바디감과 단맛의 관계

커피를 마시기 시작하면서 가장 이해하기 힘든 말이 '바디감'이었다. 바디감이란 무엇일까? 바디감은 와인을 즐기는 이들 사이에서 생긴 개념인데, '커피를 한 모금을 넘긴 다음에 묵직하게 뒤를 받쳐주는 맛'이라고 정의할 수 있다. 물을 마실 때 입과 목의 느낌과 우유를 마실 때 느낌은 분명히 다르다.

커피를 마시다 보면 물처럼 가벼운 느낌이 나는 커피가 있고, 뭔가 입안에 오래 남아 묵직한 느낌이 나는 커피도 있다. 이런 묵직한 느낌이 바디감이다. 오래 남는 묵직함 때문에 바디감을 쓴맛으로 착각할 수 있으나, 바디감은 절대 쓴맛이 아니다. 쓰기만 하고 뒤가 싱겁게 풀어지는 커피가 있고, 산미가 강해도 뒤를 묵직하게 받쳐주는 커피가 있다. 그러므로 바디감은 단순한 쓴맛과 다르다.

산미에 대해 말하자면 커피에도 새콤한 맛이 있고, 허브티에도 새콤한 맛이 있다. 그런데 커피의 새콤한 맛과 허브티의 새콤한 맛은 그 성질이 다르다. 커피가 새콤한 맛이 강하지만 뒤가 가볍게 풀어진다면 허브티와 다를 게 없다. 물론 허브티 중에도 바디감이 묵직한 종류가 있지만, 역시 커피에는 새콤한 맛이 나더라도 묵직한 바디감이 있어야 커피답다고 생각한다. 이 묵직함은 커피에 깊이를 더하고 고급스러운 맛과 여운을 선사한다.

커피 애호가는 대개 처음에는 산미에 반하다가 점점 바디감을 알고, 바디감을 느끼면 산미가 있든 없든 그 깊은 매력에 빠진다. 흔히 맛있는 커피를 이야기할 때 밸런스가 좋다고 한다. 그렇다면 밸런스란 무엇일까? 보통 신맛, 단맛, 쓴맛 등이 어디에도 치우치지 않고 적당히 어울리는 정도라 생각한다. 그렇다면 산미가 풍부한 커피는 밸런스가 맞지 않는 것일까? 새콤하면서도 밸런스가 좋은 커피는 없을까? 필자는 커피의 밸런스는 바디감이 결정한다고 본다. 바디감이 깊고 그윽하면 그만큼 전체적인 맛의 균형이 맞는다고 생각한다.

커피의 산미에 거부감을 드러내는 손님이 많다. 산미가 있는 커피라면 손사래를 치는 손님들을 만난다. 잘못 볶아 아리고 떫은맛이 나는 커피를 마신 경험 때문이리라. 그러나 앞서 언급한 것처럼 약하게 볶아 산미와 다양한 맛을 살리면서 잡맛이 나지 않는 커피를 만들기도 어렵고, 그런 커피를 마셔보기도 쉬운 일이 아니다. 그 책임은 일차적으로 커피 로스터에게 있다.

산미가 있는 커피를 싫어하는 또 다른 이유는 드러나는 신맛에 대한 거부감 때문이다. 신맛부터 강하게 드러나면 익숙지 않은 맛에 거부감이 앞선다. 바디감은 그렇게 드러나는 산미를 눌러준다. 묵직한 바디감 밑에서 은은하게 올라오는 산미는 참으로 맛있다.

바디감은 단맛과도 밀접한 연관이 있다. 얼마 전 필자가 운영하는 커피집에 젊은 손님이 찾아왔다. 커피를 배우고 싶어서 커피 투어도 하고, 카페에서 일하기도 했단다. 왜 커피를 배우고 싶은지 물었다.

"커피집에서 이르가체페 커피를 마시는데 처음 맛본 단맛이 참 좋았습니다. 그 후 그 단맛을 찾기 시작했어요."

"그래요? 그 후로 그런 단맛을 맛봤나요?"

"아니요, 그 뒤로는 그렇게 단맛이 나는 커피를 마셔보지 못했습니다."

짚이는 데가 있었다.

"혹시 커피에서 짠맛을 느껴본 적 있어요?"

"네, 딱 한 번 느껴본 적 있어요."

"그 짠맛이 진짜 염분 맛일까요?"

"아니요. 여러 가지 맛이 복합적으로 만들어져 짜다고 느끼는 것으로 알고 있습니다."

"커피의 단맛도 당분의 단맛일까요?"

"……."

"아닐 거예요. 물론 커피를 볶을 때 캐러멜 성분이 만들어져 단맛을 느낄 수도 있지만, 우리가 느끼는 단맛과 좀 다를 거예요."

그의 빈 잔에 따뜻한 물을 약간 따랐다.

"한 번 마셔보세요."

한 모금 마시고 난 그가 놀란 표정으로 나를 본다.

"오! 물이 달아요. 제가 전에 느낀 단맛이 바로 이 맛이에요. 어떻게 물이 이렇게 달지요?"

"저는 커피를 하기 전에 차를 했어요. 차 마시는 사람들에게 두 가지 버릇이 있지요. 하나는 빈 잔에 밴 차향을 맡는 것이고, 다른 하나는 이렇게 차를 다 마신 잔에 물을 약간 부어 마시는 겁니다. 이것을 백차라 해요. 이 백차가 참 단데, 차 맛 중에 가장 늦게까지 남아 있던 단맛이 물에 옅게 우러나서 그래요. 커피도 진할 때는 다른 맛에 감춰진 단맛이 물에 옅게 풀리면서 우러나죠. 저는 커피의 단맛이 바디감과 관계가 있다고 생각해요."

"이제 와 생각하니 그때 제가 다 마신 잔에 교수님께서 마시던 커피를 조금 얻어먹고 단맛을 느낀 것 같습니다. 제가 지금까지 바보짓을 한 모양입니다."

단맛은 주로 바디감이 풍성한 커피를 마셨을 때, 커피를 넘긴 다음 침을 통해서 목 뒤부터 은은하게 올라와 천천히 혀를 통해 입 전체로 퍼지는 경우가 많다. 그러므로 단맛은 커피의 뒷맛이라 할 수 있다.

커피의 완성은 애프터 테이스트

맛있는 커피를 찾아 국내외 커피집 400여 군데를 다닌 적이 있다. 몇몇은 참 훌륭한 맛이었다. 그런데 커피를 받아 한 모금 마셨을 때 맛있어서 들던 흐뭇한 기분이 얼마 못 가 실망감으로 바뀌는 경우가 많았다.

사람의 혀가 맛을 가장 정확하게 느끼는 온도는 상온, 즉 18~20℃다. 커피가 손님에게 제공될 때 온도는 핸드드립 70℃, 아메리카노 85℃ 정도일 것이다. 이 커피를 식혀서 첫 모금을 넘길 때쯤이면 40℃ 안팎일 것이다. 이 온도는 생각보다 뜨거워, 혀가 마비돼서 맛을 제대로 느끼지 못한다. 그러므로 우리 혀는 첫 모금에서 대체로 쓴맛을 느낀다. 어찌 보면 맛이라기보다 느낌이라고 하는 편이 맞을지도 모른다.

이렇게 첫 모금에서 산미가 약간 느껴진다면 기본적으로 태우지 않고 적당히 볶은 원두일 것이다. 이런 커피가 점점 식어감에 따라 본연의 맛이 느껴지기 시작한다. 첫 모금에서 산미가 느껴지는 커피는 대체로 약 볶음이나 중 볶음 원두일 가능성이 크다. 그렇다면 식어가면서 산미가 더 올라오는데, 그 산미와 더불어 약 볶음이나 중 볶음 원두의 떫고 아린 맛이 올라온다.

　볶음도를 낮춰 커피 본연의 맛을 살리면서 아리고 떫은 맛을 줄이는 일은 참으로 어렵다. 어쩌면 모든 바리스타가 안고 있는 숙제일 것이다. 필자는 이 문제를 평생 고민해왔다. 필자가 수제 숯불 로스팅을 하는 과정에서 커피콩이 어떻게 변하고 어떤 맛을 내는지 제대로 경험했고, 수많은 시행착오를 거쳐 약 볶음 원두에서 아리고 떫은맛을 없앨 방법을 찾아냈다. 이 부분은 뒤에 로스팅 과정을 이야기할 때 자세히 다룰 것이다.

　다만 약 볶음 원두일수록 떫고 아린 맛이 많이 남을 수밖에 없다. 로스팅 과정에서 이런 잡맛을 없애지 못하면 처음에는 온도에 감춰진 나쁜 맛이 식으면서 나타날 수밖에 없고, 커피를 마신 다음에 입안의 침에 의해 농도가 흐려지면서 목 안에 남아 있던 맛이 거꾸로 올라온다. 이때 매우 역하고 기분 나쁜 맛이 오랫동안 입안에 남는데, 이렇게 되면 처음에 기분 좋게 마시던 커피가 매우 기분 나쁜 맛을 내는 커피가 된다. 이런 경험 때문에 새콤하고 맛있는 진짜 좋은 커피가 환영받지 못한다고 생각한다.

나쁜 뒷맛(애프터 테이스트)은 비단 약 볶음 원두에서만 나지 않는다. 지나치게 강 볶음 한 커피에서는 탄 맛이 올라오는데, 이 또한 나쁜 뒷맛의 주범이다. 탄 맛은 텁텁함으로 남아, 물로 헹구지 않으면 오랫동안 입안을 괴롭힌다.

커피는 식어가면서 본래 맛을 드러내게 마련이다. 그러니 커피는 식혀가면서 마셔봐야 제맛을 알 수 있다. 그리고 마신 다음에 어떤 뒷맛이 있는지 봐야 그 커피 수준을 알 수 있다. 처음에는 맛있는 커피라 생각했는데, 다 마시고 그 커피숍을 나왔을 때 한참 동안 남는 텁텁함과 아리고 떫은맛 때문에 기분이 상한 적이 한두 번이 아니다.

토요일마다 아이를 친정에 맡기고 우리 카페를 방문하는 젊은 부부가 있다.

"처음 여기서 커피를 마시고 돌아가는데, 집에 가는 내내 입안에서 달콤한 향기가 나는 거예요. 종일 행복했어요. 그래서 이 집의 단골이 됐지요."

애프터 테이스트는 오랫동안 사람을 행복하게도, 짜증이 나게도 하는 매우 중요한 요소다.

여러 가지 풍미

이외에도 커피에는 여러 가지 풍미가 있다. 탄수화물이 열을 받으면 고소한 맛이 난다. 아마도 누룽지가 고소한 까닭일 것이다. 생두도 볶으면 무척 고소한 맛이 난다. 고소함은 감칠맛과 관계가 있다. 뭔가 은은하게 입안을 감돌며 자꾸 마시고 싶어지는 감칠맛의 배경은 아마도 고소함일 것이다. 커피의 산미는 입에 침이 고이게 하고, 고소함은 자꾸 커피를 넘기게 한다.

필자는 커피는 천천히 식혀가면서 마셔야 제대로 느끼고 평가할 수 있다고 생각하고 그렇게 가르치지만, 고소한 커피를 만나면 마시는 속도가 점점 빨라진다. 그 짧은 시간에도 커피의 다양한 맛을 느끼며 어느 부분이 좋네, 어느 부분이 좀 부족하네 하며 평가한다. 역시 커피쟁이로서든 습관 때문인지도 모른다.

다양한 맛이 조화를 이루며

이렇게 커피에는 다양한 맛이 있다. 신맛, 단맛, 감칠맛 등으로 표현했지만 이는 원두에 따라 다르다. 신맛도 다 같은 신맛이 아니요, 단맛도 모두 같은 단맛이 아니다. 이런 맛이 입안에서 어우러져 한순간에 맛으로 다가온다. 커피의 매력은 어느 커피도 똑같은 맛이 없다는 것이다. 커피를 마시고 재배한 지역과 품종을 정확히 맞히는 사람이 있다면, 이제껏 만나본 적 없는 초절정 고수거나 잘 몰라서 하는 이야기라고 생각한다.

커피는 농산물이다. 농산물은 우리나라같이 좁은 지역에서 재배한 같은 품종이라도 각각의 지역에 따라 맛이 다르다. 같은 지역이라도 해마다 기상 조건에 따라 다르다. 수확 시기에 따라서도 그 맛이 전혀 다르다. 빨리 익은 과일과 늦게 익은 과일은 익은 정도가 비슷해도 맛이 전혀 다를 수밖에 없다.

커피는 어떻게 볶느냐에 따라 다르고, 내리는 방법에 따라서도 맛이 천차만별이다. 볶고 며칠이 지났느냐에 따라서도 맛이 다르다. 그런데 어떻게 커피를 마시고 품종을 정확히 맞힌단 말인가. 다양한 맛이야말로 커피의 가장 큰 매력이 아닐까? 어쩌면 우리는 한 번도 같은 커피를 마시지 못하는지 모른다. 특히 필자처럼 손으로 볶아서 내리면 아무리 같은 종류 커피를 볶는다고 해도 온도와 습도, 불의 정도, 그날의 기분에 따라 달라진다. 내릴 때도 어느 날은 빠르게 내려지고, 어느 날은 천천히 내려진다.

맛을 일정하게 만들기란 어쩌면 불가능한 일인지도 모른다. 그러기에 바리스타는 나름의 레서피를 만들고, 그에 따라 일정한 커피 맛을 내려고 노력한다. 불가능하지만

일정한 수준 이상의 맛을 내는 방법을 찾고, 그 안에서 다양한 맛이 나는 커피를 즐길 방법을 모색하는 것이 중요하다. 물론 지역에 따라 커피가 내는 비슷한 맛의 계열은 있다. 그러나 어떻게 볶고 내리느냐에 따라 맛이 충분히 달라질 수 있다.

필자의 커피집에 오신 손님이 콜롬비아 싱글 오리진을 주문해 마시고 나서, 전에 마신 콜롬비아 커피와 전혀 다른 맛이라는 말을 한다. 이전에 그들이 마신 커피가 어떤 맛이었는지 나는 정확히 모른다. 사람들의 머릿속에는 책에서 읽었든, 자신이 마셔봤든 무슨 커피는 어떤 맛이라는 관념이 있다. 그러나 많은 커피를 볶고 내리고 마시면서 커피 품종에 따라 맛을 분류하는 일이 참 부질없다는 생각이 든다. 같은 커피라도 어떻게 볶느냐, 어떻게 내리느냐에 따라 모두 다른 맛이 나니 말이다. 필자 커피집 손님들이 가장 많이 하는 말씀도 같다.

"이 집에서는 콜롬비아다, 에티오피아다, 과테말라다 하는 게 모두 별 의미가 없는 것 같아요. 저마다 독특한 맛이 있으니 말이에요."

커피의 가장 좋은 맛은 그 다양함에 있는 게 아닐까? 이런 다양한 맛을 잘 볶고 내려서 조화를 이루게 하는 것이 커피 로스터와 바리스타가 해야 할 일이라 생각한다.

3

생두, 그 원판 불변의 법칙

다양해서
더 아름다운

나의 살던 고향은

내 고향은 말 그대로 꽃 피는 산골이다. 내 친구 민환이
는 또 동생을 업고 학교에 왔다. 엄마 아빠가 일하러 나가
시면 어린 동생을 돌볼 사람이 없기 때문이다. 담임 선생
님이 병이 나서 휴직을 하자, 임시로 오신 조성자 선생님은
무척 고우셨다. 외모만큼이나 마음씨도 고와서 민환이 동
생이 울면 안고 수업을 하셨다. 아이가 똥이라도 싸면 교실
바닥에 눕히고 기저귀를 갈아주셨다. 그럴 때면 한 손으로
코를 잡고 손사래를 치는 놈, 신기하다고 구경하며 킥킥대
는 놈, 냄새난다고 떠들며 교실에서 이리저리 돌아다니는
놈, 복도로 나가는 놈들로 아수라장이 되기도 했다.

오랫만에 서산으로 향하다가 길을 잘못 들었는데, 오른쪽으로 '몽곡리 2구'라는 표지판이 보인다. 몽곡리 2구는 내 고향이다. 반가움에 잠시 들렀다 가기로 했다. 몽곡2리 마을회관이 보이고, 그 앞에 붓글씨체로 '꿈'이라는 글자를 새긴 큼직한 푯돌이 있다. 우리 집으로 가는 좁은 농로는 포장이 됐고, 아들 결혼식에 소를 잡아 잔치한 부잣집이 있는 동네를 거쳐 민환이네 집 앞을 지나자 내 아버지가 가꾸시던 과수원 언덕이 보인다.

"과수나무를 다 캐내고 옥수수를 심었네."

"몽곡리, 꿈의 계곡이라! 동네 이름 참 예쁘네요. 사람은 어려서 어디에 사느냐가 참 중요한가 봐요. 선생님은 몽곡리에 살아서 지금도 꿈꾸듯이 사시잖아요."

동행한 벗이 농담을 던진다. 그러고 보니 맞는 말이다. 나는 늘 꿈꾸듯 살아왔다. 현실감이 떨어지는 사람을 바보라 하는데, 남들이 보면 참 바보처럼 살아왔다. 벗의 말대로 어린 시절 꿈의 계곡에 살아서 그런지도 모를 일이다.

어머니가 예산에 있는 고덕중학교로 발령이 나자, 아버지가 "가족은 떨어져 살면 안 된다"며 서울에 있는 가산을 정리했다. 아버지는 예산 몽곡리에 1만 평 남짓한 산을 사서 손수 개간했다. 과수원을 만들고 그 한가운데 작은 집을 지어 이사했다. 손가락 굵기 사과 묘목을 심었으니 소득이 있을 리 없었다. 어머니 월급으로 생활비며 비룟값, 농약값을 충당했다.

그 무렵 집에 목돈이 좀 생겼다. 아버지는 그 돈으로 소를 샀으면 했고, 어머니는 우리 남매를 위해 피아노를 사자고 했다. 시골이라 피아노를 배울 수가 없었는데, 마침 예덕국민학교에 음악을 잘하는 선생님이 와서 관현악단을 만드는 참에 누나가 그분의 지도를 받게 됐다. 아이들에게 피아노를 가르칠 좋은 기회인데, 학교에도 피아노가 없으니 집에 들여놓자는 어머니 뜻을 아버지가 존중했다.

피아노가 들어오던 날, 천안에 있는 영창피아노 대리점에서 고덕면 소재지까지 포니 픽업트럭으로 왔다. 거기부터 길이 질어 피아노를 경운기에 옮겨 싣고 집으로 왔다. 그날 배달하러 온 피아노 대리점 사장님 말씀을 지금도 선명하게 기억한다.

"너는 참 훌륭한 부모님을 두었구나. 내가 알기로 고덕중학교에 한 대, 교회에 한 대가 있고 그 외에는 잘 모르겠다만, 이런 시골에서 자식에게 피아노를 사주는 부모님은 없을 거다."

이런 부모님 덕분에 나는 어린 시절부터 유난히 음악을 좋아했다. 초등학교 6학년 때 대도시로 이사하고, 중학교

입학 선물로 당시 최첨단 인켈 오디오를 받았다. 용돈을 모아 역 앞 음반 가게에서 엘피판을 사, 품에 안고 집으로 왔다. 음반 커버를 칼로 뜯으며 설레던 느낌이 가슴에 깊이 남아 있다.

내 음악 사랑은 그때부터 시작된 듯하다. 고등학교와 대학을 거치며 많은 음악을 듣고 음반을 모았다. 사람의 귀가 입만큼이나 간사해서, 점점 더 좋은 소리를 찾고 좋은 소리에 집착하게 마련이다. 필자도 몇 차례 오디오 바꿈질을 하고도 더 좋은 소리, 더 좋은 오디오를 찾았다.

진공관 앰프의 매력

그러다 일본을 오가며 진공관 앰프 DIY 방법을 소개한 책을 발견했다. 일본은 마니아의 나라이자 책의 나라다. 일본에는 별의별 마니아가 있고, 그에 관한 별의별 책이 있다. 당시 일본에서 진공관 앰프 DIY 붐이 일어, 정말 다양한 책이 나왔다.

'진공관 앰프를 스스로 만든다고?'

충격이었다. 그 비싼 진공관 앰프를 스스로 만들 수 있다면 이보다 좋은 일이 있을까? 진공관 앰프 관련 책을 여러 권 사서 열심히 읽었다. 원리에 관한 책도 있고, 실제로 앰프 만드는 내용을 그림과 더불어 자세히 설명한 가이

드북도 있었다. 읽고 또 읽어 내용을 파악했지만, 처음부터 스스로 만들기는 엄두가 나지 않았다. 일본 친구에게 앰프를 스스로 만드는 키트가 있다는 얘기를 전해 들었다. 우여곡절 끝에 그의 도움을 받아 일본에서 공수한 키트를 조립했다.

전원을 넣고 처음 스피커를 통해 소리가 났을 때, 그 희열을 잊을 수 없다. 그러나 소리가 좋고 나쁨을 떠나서, 아무런 의도나 생각 없이 만들어진 키트를 단순히 조립하는 앰프는 아쉬웠다. 뭐든 '내 손으로 해보자' 주의자인 나는 처음부터 만들어보기로 마음먹었다.

청계천에 있는 전자 제품 상가에 다니며 트랜스를 주문하고, 필요한 부품을 사고, 케이스가 되는 섀시를 마련해 구멍을 뚫고 마무리 가공을 했다. 6V6 진공관을 사용하는 가장 단순한 싱글 엔디드 앰프인데, 거의 한 달 동안 준비하고 조립해 전원을 넣고 볼륨을 올렸다. 마침내 소리가 흘러나왔다. 그것도 아름다운 소리가!

"와!"

나도 모르게 소리를 지르며 빈 사무실에서 홀로 덩실덩실 춤을 췄다. 세상을 다 얻으면 이런 기분일까? 남들이 보면 미쳤다고 하겠지만 그래도 좋았다.

"오, 소리 좋다! 이거 나 주라. 넌 또 만들면 되잖여!"

사무실에 놀러 온 친구 녀석이 재료비 정도 되는 돈을 놓고 반짝 들고 가버렸다. 만드는 일이 재미있으니 기꺼이 내줬다. 그 후 정말 많은 앰프를 만들었다.

　앰프 소리에 반한 벗이 함께 회사를 만들어 좀 더 많은 이에게 좋은 소리를 들려주자고 제안했다. 그 친구 회사에 기업 부설 음향공학연구소를 세워 많은 실험을 하고, 여러 종류 앰프를 만들었다. 끊임없이 앰프를 만드는 가장 큰 이유는 앰프 회로의 매력이다. 회로란 말 그대로 '돌아가는 길'이다. 부품 하나하나가 전선으로 이어지고 결국에 되돌아온다. 부품은 전선으로 잇기 전에 보잘것없는 존재지만, 한 회로로 이어지면 저마다 역할을 하며 생명체처럼 '아름다운 소리'를 만든다.

　나는 앰프를 생명체라 생각한다. 이는 진공관 앰프만의 특징이 아니다. 회로가 모두 그렇다. 전자공학을 공부하고 회로 이론을 연구하면서 경이로움을 느꼈다. 진공관 앰프는 여타 앰프보다 소리가 청량하고 부드럽고 깊어, 그 매력을 말로 표현하기 어렵다. 가장 큰 매력은 사용하는 관에 따라 소리가 다르고, 저마다 특징 있는 아름다운 소리를 낸다는 점이다.

　6V6의 청량함, 6L6의 부드러우면서도 웅장한 저음, EL34의 카랑카랑한 아름다움, 6BQ5의 조화로움, 300B

의 여유로우면서 하늘거리는 고음… 그야말로 관에 따라 아름다움이 무궁무진하다. 일본에는 한 곡을 위해 가장 잘 맞는 앰프를 제작하는 명인도 있다고 한다. 너무 나간 이 야기라는 생각이 들지만, 그만큼 진공관에 따라, 회로 구성에 따라 천차만별 다양한 소리를 낸다는 방증이다.

커피의 매력도 다르지 않다. 커피의 가장 큰 매력은 지역에 따라, 농장에 따라, 프로세싱에 따라, 로스팅에 따라, 추출 방식에 따라 천차만별한 맛을 내는 데 있다. 무궁무진한 커피의 맛은 평생에 걸쳐 다 보지 못할 것이다. 이 다양한 커피를 한마디로 정의하는 것은 무모한 일이다. 그래도 지역에 따라 대략적인 맛이 있으니, 아마도 '6V6 진공관은 이렇다' 'EL84 진공관은 이렇다'고 이야기할 정도가 아닐까?

좋은 커피의 기본은
좋은 생두

좋은 생두란?

좋은 환경이 좋은 커피를 만든다. 커피콩 한 알에는 재배한 곳의 물과 바람과 햇살, 가꾼 이의 땀방울까지 들어있다. 그러므로 커피콩 한 알이 온다는 것은 그곳의 모든 것이 오는 것이고, 커피콩을 볶아 마시는 것은 그곳의 모든 것을 마시는 것이리라.

좋은 생두라야 잘 볶고 내리는 게 의미 있다. 커피 로스터는 좋은 커피콩을 찾아내는 데 많은 시간과 노력을 들인다. 그렇다면 좋은 생두란 어떤 생두일까? 가장 맛있는 생두란 어떤 생두일까? 파나마 게이샤? 루왁? 아프리카 커피가 가장 맛있는 커피일까? 요즘 대세인 남미 커피가 최고일까?

내 생각에는 모든 커피가 저마다 독특한 맛이 있고, 그 맛은 무척 매력적이다. 그래서 나는 '모든 커피가 맛있는 커피'라고 자신 있게 말한다. 그렇다고 모든 생두가 좋은 것은 아니다. 생두는 농작물이기에 재배지의 기후나 풍토에 많은 영향을 받는다.

우리가 마시는 커피는 커피 체리에서 껍질과 과육을 제거한 씨앗을 볶아 추출한 것이다. 커피나무는 주로 '커피벨트'에서 자란다. 적도를 기준으로 북위 23° 27′에서 남위 23° 27′ 사이, 연평균 기온 20℃가 넘는 열대와 아열대 지역이다. 커피나무가 열대·아열대 식물이기 때문이다. 이지역에서 자란다고 모두 좋은 커피가 나오는 것은 아니다. 고도가 높아 일교차가 큰 열대·아열대 지역에서 좋은 커피가 생산된다. 큰 일교차에 따라 에너지대사율이 떨어지고, 영양분이 녹말과 당 등 다양한 형태로 저장되기 때문이다. 고랭지 배추가 더 고소하고, 고랭지 사과가 더 새콤달콤한 것과 같은 이치다.

잘 익은 생두를 고르려면

좋은 커피를 생산하려면 알맞은 기후에서 건강하게 자란 커피나무에 열려야 하고, 잘 익은 열매를 적당한 때 수확해야 하고, 후처리를 잘해서 말려야 한다. 이는 모두 커피 농장에서 하는 일이다. 커피 로스터는 수많은 커피 농장에서 생산한 생두 가운데 질 좋고 자신이 원하는 맛이 나는 생두를 찾아내는 일부터 시작한다.

어느 농장에서 나온 커피가 무척 맛이 좋고 훌륭해서 그 농장 주인에게 비결을 물어보니, 잘 익은 커피 체리만 수확한다는 이야기를 책에서 읽은 적이 있다. 그 말이 정답일 것이다. 잘 익은 과일이 맛있는 것은 진리다. 그러나 인건비를 줄이기 위해, 수확량을 늘리기 위해 덜 익은 커피 체리까지 수확하는 농장이 있다. 덜 익은 커피 체리의 생두를 구분하기란 쉬운 일이 아니다. 그래서 생두 바이어는 농장을 직접 방문하고, 계약재배로 품질 좋은 생두를 확보하기 위해 노력한다.

필자는 덜 익은 생두가 들었는지 알아보기 위해 맛을 본다. 주로 생두 한 주먹에서 10개 정도 골라 씹어보고 어떤 맛이 나는지, 맛이 균일한지 등을 파악한다. 생두마다 맛을 보고, 맛이 균일하지 않은 생두가 어느 정도 들었는지 느끼려고 노력한다. 처음에는 딱딱해서 잘 모르지만 좀 씹어서 부드러워지면 단맛, 신맛 등 여러 가지 맛이 느껴진다. 처음에는 잘 구분하지 못하지만, 자꾸 하다 보면 차이를 느낄 수 있다.

생두 맛의 절반이 만들어지는 과정

커피 체리는 과육이 적고 씨가 차지하는 비율이 높다. 그래서 먹자 할 것 없는 과육보다 씨를 먹게 됐을 것이다. 커피 체리에는 씨앗이 두 개 들었다.

커피 체리는 그림 1과 같이 겉껍질로 싸였고, 씨앗이 양쪽에 하나씩 들었으며, 그 사이에 과육이 있다. 씨앗은 실버 스킨이라는 속껍질에 싸였다. 농장에서 커피 체리를 수확하면 우선 겉껍질을 벗겨 과육이 남는다. 물이 부족한 아프리카에서는 겉껍질을 벗기고 과육이 어느 정도 붙은 씨앗을 그대로 말렸다. 이렇게 건조하는 것을 내추럴 natural 방식(건식법)이라고 한다. 물이 풍부한 남미 쪽에서는 과육을 물로 씻어 말리는데, 이를 워시드washed 방식(습식법)이라 한다.

커피 체리를 수확한 뒤 겉껍질과 과육을 제거하고 씨앗을 말려 생두로 만드는 과정이 커피 맛에 많은 영향을 준다. 이 사실을 알게 되자 사람들은 맛있는 생두를 만드는 방식을 고안하기 시작한다. 내추럴 방식이지만 물에 담가 씻고 껍질과 과육을 제거한 다음, 점액질을 남겨둔 상태에서 건조하는 펄프드 내추럴pulped natural 방식도 생겨났다. 요즘 내추럴 방식으로 건조·유통하는 생두는 거의 이렇게 가공한 것이다.

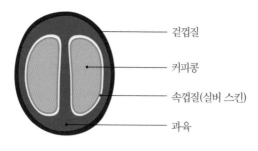

겉껍질

커피콩

속껍질(실버 스킨)

과육

그림 1 커피 체리 단면

코스타리카에서 개발했다고 알려진 허니 프로세싱honny processing도 펄프드 내추럴 방식과 거의 같은 가공법이다. 펄프드 내추럴 방식이 점액질을 대부분 남기는데, 허니 프로세싱은 점액질을 어느 정도(25%, 50%, 100%) 남기느냐에 따라 구분한다. 또 건조 온도와 기간에 따라 5단계(화이트, 옐로, 골드, 레드, 블랙)로 나누는데, 단계별로 단맛이 많이 난다고 한다. '남겨둔 점액질이 마치 꿀이 묻은 것 같다'고 허니 프로세싱이라 부른다. 코스타리카 이외 지역에서도 허니 프로세싱으로 가공한 생두를 시판한다. 필자는 에티오피아 코케 허니를 많이 사용하는데, 매우 부드러운 산미와 단맛이 일품이다.

워시드 방식에는 풀 워시드full washed와 세미 워시드semi-washed가 있다. 풀 워시드는 겉껍질과 과육을 제거하고 점액질은 남겨둔 상태로 발효조에서 발효한 뒤, 과육과 점액질을 씻어내고 건조하는 방식이다. 세미 워시드는 수확한 커피 체리를 씻고 겉껍질과 과육, 점액질을 제거한 상태에서 다시 씻어 건조하는 방식이다.

이렇게 생두를 가공하는 방식에 따라 커피 맛이 달라진다. 내추럴 방식으로 생산한 커피는 다양한 맛과 풍미를 느낄 수 있고, 단맛과 바디감이 좋다. 워시드 방식으로 생산한 커피는 맑고 깔끔한 맛을 느낄 수 있으며, 내추럴 방식으로 생산한 커피보다 향과 산미가 강하다.

커피 로스터는 이런 특성을 고려해 '어느 지역에서 어떤 방법으로 생산한 생두'를 구입할지 결정한다. 우리나라 바이어들이 여러 나라에서 활동하며 직접 커피를 구매·수입하기 때문에 국내에 들어오는 스페셜티 커피는 매우 다양하면서도 질이 좋다.

커피 등급이 품질을 대변하는가?

커피를 생산하는 나라에서는 나름대로 커피에 등급을 매겨 품질을 표시한다. 일반적으로 등급이 높은 생두가 품질이 좋은 생두라 할 수 있다. 그러나 등급이 높은 생두가 반드시 품질이 좋거나 맛있는 생두를 의미하진 않는다. 나라마다 등급을 정하는 방식이 다르기 때문이다.

예를 들면 에티오피아에서는 커피를 Grade1~4로 분류하는데(이는 수출용 커피 품질을 관리하는 정부 기관Coffee Quality Inspection Center, CQIC에서 매긴 등급이다. 에티오피아상품거래소Ethiopian Commodity Exchange, ECX에서는 커피 품질에 대해 따로 등급을 매긴다), 이는 생두에 포함된 결점두 개수에 따른 분류다(생두 300g에 든 결점두 개수를 기준으로 한다. 3개 이하 G1, 4~12개 G2, 13~25개 G3… 이런 식이다). 이 방식은 결국 결점두를 얼마나 골라냈는가에 따른 등급이다. 결점두가 섞이면 커피 맛에 치명적인 손상을 주기 때문에 결점두 함량에 따른 분류는 품질을 나타내는 지표로 의미가 있지만, 커피의 등급이 반드시 좋은 맛을 의미하진 않는다. 등급이 조금 낮은 생두를 구했어도 결점두를 세심하게 골라내면 더 좋은 커피를 만들 수 있다.

　생두 크기에 따라 등급을 정하는 나라도 여럿이다. 구멍 크기가 다른 체로 생두를 걸러 등급을 매긴다. 고도가 높은 지역에서 재배한 생두일수록 밀도가 높고 크기가 커지는 데서 착안한 방식으로, 케냐가 대표적이다. E등급이 가장 크고 AA, AB, PB, C, T, TT 등으로 나눈다. 커피에 조금이라도 관심이 있는 분은 케냐AA라는 커피를 본 적이 있을 것이다. 이때 AA는 생두 크기를 나타낼 뿐이다. 오히려 작은 생두가 색다른 맛을 내기도 한다. 다만 비슷한 크기로 분류하면 로스팅하는 과정에서 균일한 볶음도를 얻는 것은 매우 큰 장점이다. 콜롬비아에서도 이 방식으로 분류하며, 가장 큰 생두를 수프리모suprimo, 그다음을 엑셀소excelso라 표시한다.

중남미에서는 생산지의 고도에 따라 분류하는 나라가 많다. 앞서 언급한 바와 같이, 재배지의 고도가 높으면 일교차가 커서 밀도와 당도가 높고 맛과 향이 풍부하다. 이를 바탕으로 어느 고도에서 자랐는가가 커피의 품질을 대변한다고 보고 분류하는 방식이다.

고도의 기준은 나라마다 약간씩 다르다. 과테말라는 SHBStricity Hard Bean로 표시하고, 그보다 낮은 고도에서 생산한 생두는 FHBFancy Hard Bean, 더 낮은 고도에서 생산한 생두는 HBHard Bean로 표시한다. 페루는 SHB, HB 등으로 분류하고, 코스타리카는 SHB, GHBGood Hard Bean로 분류하며, 엘살바도르는 특이하게 고도 1200m 이상에서 생산한 생두를 SHGStrictly High Grown, 그 아래로 HGHigh Grown, CSCentral Standard 등으로 분류한다.

이런 분류법이 생두를 한 가지 기준에 따라 정하다 보니 당연히 품질을 대표하기에는 부족하다. 브라질은 이를 보완하기 위해 생두의 크기와 결점두의 수, 맛 등을 고려해 등급을 정하고 santos NY 2/3와 같은 식으로 표시한다.

생두의 생명은 신선도

향을 맡아보면 생두의 신선도와 특성을 알 수 있다. 기본적으로 기분 좋은 향이 나야 한다. 기분 좋은 향이 나는 생두는 신선하고 풍부한 맛을 함유하기 때문이다. 신선한 생두에서는 매우 싱싱하고 풋풋한 냄새가 난다. 묵은 생두일수록 매캐한 냄새가 나고, 더 묵으면 전 내가 난다. 묵은 생두는 사용하면 안 된다.

신선한 생두를 만져보면 적당한 수분을 포함한 것을 느낄 수 있다. 생두는 수분이 적당해야 한다. 너무 마른 생두는 일정하게 볶이지 않고 타기 쉬우며, 수분이 많은 생두는 쉽게 변질되고 볶을 때 잡맛이 많이 올라오기 때문이다. 커피 로스터는 오감을 동원해 생두를 고르고, 어떻게 하면 생두 고유의 맛을 제대로 낼지 고민해야 한다.

모든 맛은
기본에서 시작된다

커피 맛을 내는 첫걸음

할머니는 참 부지런한 분이다. 할머니가 쉬는 모습을 본
일이 거의 없다. 그 넓은 과수원 한구석에서 늘 뭔가 하고
계셨다. 농한기나 비가 오는 날이면 가을에 수확한 콩 자루
를 가져다가 앉은뱅이 상에 펴놓고 벌레 먹거나 썩은 콩을
골라냈다. 결점두 골라내기를 할 때면 할머니가 콩을 고르
던 모습이 떠올라 그리움에 젖곤 한다.

밥 먹다가 썩은 콩을 씹어본 사람이라면 그 기분 나쁜
맛을 알 것이다. 커피콩은 사람이 수확하고 가공한 농산
물이기에 반드시 결점두가 섞여 있다. 결점두는 커피 맛
을 망치는 원인으로 작용한다. 그래서 반드시 골라내야 하
는데, 이게 보통 일이 아니다. 생두를 넓은 쟁반에 펴놓

고 일일이 골라내는 작업이라, 많은 시간과 노력이 필요하다. 이는 커피 값의 문제로 직결된다. 생두에 포함된 결점두 개수로 등급을 정하는 것만 봐도 결점두가 품질에 얼마나 많은 영향을 미치고, 값에 영향을 주는지 알 수 있다.

필자는 될 수 있으면 최고 등급 생두를 구매한다. 그렇다 해도 그냥 사용할 순 없다. 항상 골라내기 작업을 거치는데, 아무리 등급이 높은 생두라 해도 상당량을 선별해서 버리게 마련이다. 그만큼 처음 구매하는 생두에 제법 많은 결점두가 있으며, 결점두는 로스팅 후 커피 맛에 결정적인 영향을 미친다.

커머셜 커피는 하루에 생두를 수십 kg, 나아가 수백 kg 로스팅한다고 할 때 과연 골라내기를 할 수 있을까? 그러니 약하게 볶으면 잡맛이 나고, 이를 없애기 위해 많이 볶거나 태워서 악순환이 계속되는 것이다.

필자는 로스터리 카페를 운영하는 지인에게서 아무리 해도 기분 나쁜 뒷맛을 없앨 수 없으니, 한 번 와서 무엇이 문제인지 점검해달라는 요청을 받은 적이 있다. 그의 카페에 가서 여러 종류 커피를 마셔봤는데, 역시 강 볶음 원두보다 약 볶음 원두에서 나쁜 맛이 났다. 카페 주인은 로스팅 프로세스의 문제가 아닌가 싶어 많은 질문을 했지만, 필자는 결점두 문제로 보였다.

"골라내기는 얼마나 하시나요?"

"볶기 전에는 하지 않고 볶은 뒤에 하는데요."

커피의 기본이 골라내기라는 사실을 간과한 것이다. 결점두 골라내는 작업을 철저히 한 뒤 다시 로스팅하니 잡맛이 사라졌다.

결점두란?

■ 부패두black bean

커피 맛을 나쁘게 만드는 대표적인 결점두다. 부패두는 한마디로 썩은 콩이다. 겉면이 검게 변한 부분이 넓거나 부패한 부분이 파였는데, 이는 주로 수확할 때 땅에 떨어져 흙과 닿아서 썩은 것이다. 부패두가 한두 개만 들어가도 커피가 떫거나 기분 나쁜 신맛, 아린 맛이 나며 뒷맛이 깔끔하지 않다.

■ 곰팡이 핀 생두

부패두는 전체든 일부든 썩어서 눈에 잘 띄지만, 곰팡이 핀 생두는 한쪽 구석에 난 작은 구멍에 곰팡이가 침투한 경우라 주의 깊게 보지 않으면 발견하기 어렵다. 곰팡이가 핀 생두는 아리거나 불쾌한 쓴맛의 주원인이므로 반드시 골라내야 한다.

■ 벌레 먹은 콩 insect bean

벌레가 파먹은 부분이 검게 변했거나 작은 구멍이 있는 생두다. 벌레가 먹어서 난 구멍은 곰팡이가 핀 구멍보다 조금 크다. 벌레 먹은 콩은 벌레의 타액으로 변성이 일어나 커피의 성질이 바뀌었기 때문에, 담배 전 내 같은 맛이나 불쾌한 쓴맛이 난다.

■ 비대칭 혹은 속이 빈 결점두 shell

유전적 결함이나 수확 과정의 불량으로 생두 모양이 비대칭이거나 조개껍데기처럼 속이 빈 콩이다. 이것이 쪼개지면 파편두가 되고, 그대로 로스팅하면 껍질만 남은 원두 같은 모양이 된다. 다른 생두보다 먼저 타버리므로 전체적으로 쓴맛과 탄 맛이 나는 원인이다.

■ 파편두broken bean

쪼개진 콩이다. 완전히 쪼개져서 조각으로 남기도 하고, 부분적으로 갈라지며 깨지기도 한다. 이는 건조 과정에서 깨졌거나 생두 자체에 결점이 있는 경우다. 파편두는 로스팅할 때 다른 생두보다 빨리 타 쓴맛이 난다. 예전에 생두 업자에게 이런 생두는 볶은 다음에 골라내는 것이 편하다는 말을 들은 적이 있다. 그러나 파편두가 로스터에 들어가서 타면 그 냄새가 다른 원두에 배어 나중에 골라내도 멀쩡한 원두까지 탄 맛이 난다.

■ 미성숙두unripe bean

여물기 전에 수확한 생두로, 주름이 있고 실버 스킨이 녹색이나 연노란색을 띤다. 떫고 비리고 시큼한 맛이 난다.

■ 겉껍질이 붙은 생두dry pod

내추럴 방식이든 워시드 방식이든 생두를 가공하는 과정에는 겉껍질을 벗겨야 한다. 이 과정에서 일어나는 실수로 겉껍질이 벗겨지지 않은 상태에서 건조된 생두가 있다. 껍질은 가공할 때 발효되기 때문에 시큼한 맛이나 기분 나쁜 맛이 난다.

▪ 기타 결점두

건조된 퍼치먼트에 싸인 생두도 있고(이때는 퍼치먼트를 벗기고 로스팅한다), 이물질(돌이나 흙, 나뭇가지 등)이 섞인 경우도 있다. 이물질은 반드시 제거하고 로스팅해야 한다.

결점두를 골라내는 작업을 골라내기 혹은 핸드픽이라 한다. 이는 매우 귀찮고 지루하지만, 좋은 커피 맛을 내기 위해 가장 기본적이고 중요한 작업이다. 커피 한 잔이 만들어지기까지 많은 정성이 들어간다.

▪ 골라내기(핸드픽) 하는 법
1. 넓은 쟁반에 생두를 편다.
2. 눈에 보이는 결점두를 골라낸다.
3. 쟁반을 흔들어 생두를 이리저리 섞는다.
4. 다시 눈에 보이는 결점두를 골라낸다.
5. 이 과정을 여러 번 반복한다.

커피 향기는
선율 따라 흐르고

김천 출장 중, 막 미팅에 들어가려는데 전화벨이 울렸다.

"선생님 블로그 보고 연락드립니다. 앰프 때문에 상의하고 싶은데 통화 괜찮으신지요?"

목소리가 자못 부드럽고 깊다. 죄송하지만 두 시간 뒤에 전화드리겠노라 하고 미팅에 들어갔다. 일을 마치고 KTX를 기다리며 통화했다. 6V6 진공관으로 푸시풀 앰프를 만들고 싶다며 이것저것 물어보셨다.

"모노 블록 방식으로 만들면 어떤 차이가 있습니까?"

"전원을 따로 쓰고 채널을 분리하니 간섭이 적고, 아무래도 앰프에 하나에 스테레오를 구성하는 것보다 유리한 점이 많습니다."

"그럼 모노 블록 방식으로 부탁합니다."

소리에 대해 많이 고민하고, 자신에게 맞는 소리를 찾아 나름대로 공부하신 느낌이 들었다.

"제가 사는 곳이 천안이니 한 번 와서 소리를 들어보고 결정하시는 게 어떨까요?"

"정말 가서 그곳 분위기도 느껴보고 이것저것 소리도 들어보고 싶지만, 제가 움직일 수가 없어서요. 매우 아쉽습니다."

몸이 불편하신 분을 위해 앰프를 만들어드린 적이 여러 번 있다. 몸이 불편한 만큼 음악을 친구로 삼는 경우가 많으니 더 좋은, 더 아름다운 소리를 내는 앰프가 필요한지도 모른다. 앰프에 문제가 생기면 더 답답해할 수밖에 없으니, 잘 만들어야겠다는 생각이 든다.

전화번호를 저장하자 잠시 뒤 SNS에 인물 정보가 올라왔다. 입에 붓을 물고 그림을 그리는 남자의 사진이 프로필에 떴다. 몇 년 전 사고로 움직일 수 없게 된 아들을 위해 멋진 정원을 만들고 헌신적으로 돌보시는 부모님의 이야기를 다룬 〈인간극장〉 '아버지의 정원' 편에서 뵌 분이다. 가슴이 먹먹하면서도 행복하게 본 기억이 났다. 그분과 이렇게 인연이 닿는구나, 마음에 드는 앰프를 만들어드려야 한다는 생각으로 마음이 무거워졌다.

그 뒤로 여러 번 통화했는데, 오랫동안 알고 지낸 분처럼 친근하다. 통화할 때 그분의 소리에 대한 이런저런 생각과 궁금함, 걱정 등이 느껴진다.

"선생님, 저는 선생님의 선택과 무관하게 이 앰프를 만들 겁니다. 완성하면 제가 가서 설치해드리겠습니다. 혹여 조금이라도 마음에 들지 않으면 선택하시지 않아도 좋습니다. 이 앰프의 소리를 좋아하는 다른 분과 인연이 닿으면 됩니다. 그러니 조금도 부담 갖지 말고 소리를 들어본 뒤 선택하시면 됩니다."

이것이 앰프에 대한 내 소신이다. 내 작품이 작품을 정말 사랑하는 분과 함께 있어야 한다는 생각이다. 지금껏 앰프를 만들며 그런 일은 거의 없었지만, 조금이라도 내키지 않으면 반품해도 된다고 말씀드렸다. 소리는 듣는 이에 따라 다르기 때문이다. 물건도 자신을 사랑하는 주인을 만나야 행복하게 제 역할을 할 수 있다고 믿는다.

"그렇게 하겠습니다. 마음에 들지 않으면 제 얼굴에 바로 나타날 겁니다."

우리는 전화기를 사이에 두고 유쾌하게 웃었다. 이분 말씀을 종합하면 균형이 잘 잡힌 소리가 나야 하고, 청량하면서 중·저음의 장중함도 포기해선 안 된다. 진공관 하나로 이런 느낌을 모두 살려서 앰프를 만들기는 쉬운 일이 아니다.

이런 점을 고려해 회로를 다시 구성하고, 케이스 상판을 캐드로 설계해 레이저 가공업체에 주문하고, 나무 프레임을 공방에 부탁하고, 부품을 점검했다. 트랜스를 설계하고, 초단과 위상반전단에는 매우 아름다운 소리가 나는 6DJ8 관을, 출력단에는 6V6 관과 6L6 관을 호환해서 가장 잘 어울리는 회로를 구성한 뒤 제작에 들어갔다. 재료를 준비하고 꼼꼼히 조립하는 데 2주가량 걸려 드디어 완성했다. 점검을 끝내고 음악 신호를 넣었다. 소리가 한 번에 터져 나왔다.

'오옵!' 역시 상상하던 소리가 난다. 무엇과도 바꿀 수 없는 행복한 순간이다. 정상에 섰을 때 느끼는 호연한 기운 때문에 힘들어도 산에 오르듯이, 이 순간을 위해 앰프를 만든다. 혼자서 덩실덩실 춤을 춘다. 나흘간 내리 틀어 놓고 상태를 점검한다. 그새 소리가 더 익었다.

앰프가 완성됐다고 연락한 뒤 주소를 받았다. 설렘 반 걱정 반으로 두어 시간 달려 일산에 도착하니, 인상이 부드럽고 온화한 어머님이 반갑게 맞아주셨다. 집 안은 예스러운 가구와 물건이 깔끔히 정돈된 느낌이다. 환자분이 누워 계시는데 전혀 냄새가 없다.

임 선생님이 계신 방으로 안내받아 들어가니, 처음 뵙지만 친근한 느낌이 드는 사내가 누워 있다. 잠시 수인사를 나누고 가져온 앰프를 설치했다. 임 선생님은 KT150 관을 사용하는 ○모라는 앰프를 사용하고 계셨다. KT150 관은 KT 계열에서 가장 고급이고 훌륭한 출력 관으로, 현대적인 진공관 앰프를 좋아하시는 분들의 로망이다. ○모라는 앰프도 무척 고가 제품이다.

"이렇게 좋은 앰프가 있는데, 무엇 때문에 제게 앰프를 주문하셨는지요?"

"그들은 이제 다 보내고, 그냥 담백한 음악 생활을 하고 싶어서요."

소리보다 음악을 듣고 싶다는 말씀으로 들렸다. 먼저 종전에 사용하던 스피커에 걸었다. 4Ω 저항을 쓰는 스피커인데, 덩치가 산만 한 하이엔드급이다. 내가 만든 앰프는 6L6 관을 꽂아 8Ω 저항이니 짝이 맞지 않지만, 소리는 그럭저럭 나온다.

"힘은 달리지 않네요."

힘은 달리지 않지만 다른 부분에서 좀 부족하다는 뜻이리라. 장르를 이것저것으로 바꿔 소리를 들어봤다. 그러다 젠센 스피커에 연결했다.

"이번에 새로 샀는데 소리가 영 아닌 것 같습니다."

내가 만든 앰프를 연결해 볼륨을 높였다. 먹먹한 소리가 난다. 이 스피커는 뒷면에 네트워크의 저항을 가변저항으로 조절하는 컨트롤러가 달렸다. 컨트롤러를 돌리니 소리가 변한다. 그러다 일정한 값에 이르자 소리가 완전히 맑아지며 제자리를 찾았다. 임 선생님이 깜짝 놀라서 쳐다본다.

"컨트롤러가 있나요?"

"예, 뒷면에 있네요."

잘 만든 오래된 스피커는 소리의 결과 깊이가 다르다. 예스러우면서도 기품이 있다. 전체적으로 날지 않으며 은은하고 결이 굵다고 할까. 이런저런 음악을 듣는데, 어머님이 말씀하신다.

"나는 들을 줄 모르지만, 소리가 참 좋네요. 뭔가 전에 듣던 소리보다 꽉 차고 풍성한 느낌이에요."

음악을 좋아하는 아드님의 DJ 노릇을 해서 귀명창이 되신 것 같다. 내 앰프가 좋은 짝을 만났다는 생각이 든다. 30분쯤 틀어놓으니 벌써 소리가 풀리기 시작한다. 오랫동안 창고에 넣어두고 쓰지 않은 스피커가 전기를 먹고 혈액이 흐르니 한창때 소리를 기억하는 것이다. 임 선생님이 한참을 듣더니 혼잣말처럼 말씀하신다.

"멍청한 스피커라고 욕한 것이 미안해지네."

선물로 가져간 구소련제 6n3c 먹관을 갈아 끼우니 소릿결이 완전히 바뀌었다. 청명한 소리를 내는 관으로, '가성비'가 좋다. 소리가 한결 청명해졌다. 이 소리를 더 좋아하시리라 생각했는데, 정말 좋다고 하신다. 이 앰프는 관을 바꿔 사용하는 재미가 쏠쏠하다.

내가 로스팅한 커피가 맛보고 싶다 하셔서, 가져간 드립 도구 세트로 지난번에 볶은 에티오피아 아바야 게이샤를 갈아 내려드렸다. 이전 카페를 정리하며 마지막으로 볶은 원두라 꽤 정성을 들였다. 그래서인지 유난히 잘 볶였다. 수없이 볶아낼 때는 원두 한 알 한 알이 소중하다는 것을 미처 알지 못했다.

어머님이 "커피 향이 참 좋네요" 하신다.

"어머님도 커피 드시나요? 조금 드릴까요?"

"저는 향기만으로 만족입니다!" 하며 손사래를 치신다. 임 선생님은 내가 내린 커피도 좋아하셨다.

"지금까지 마신 커피랑 정말 다르네요. 왠지 커피도 이 선생님 신세를 질 것 같습니다."

가져간 원두를 드리고, 새로 볶으면 다시 보내드리기로 약속했다. 어쩌다 나이 이야기가 나왔는데 나와 동갑이란 다. 참 신기하면서도 소중한 인연이다.

"자주는 아니어도 가끔 뵙겠습니다."

시간이 꽤 지나 작별 인사를 하고, 떨어지지 않는 발걸음을 떼며 임 선생님 댁을 나섰다. 어머님이 대문 밖까지 나와 배웅해주셨다.

"어머님, 건강하셔야 합니다."

이 말밖에 드릴 말씀이 없다. 그 어머님의 세월을, 가슴 속의 회한을 어찌 짐작이라도 하며 필설을 더할 수 있으랴!

"어머님, 건강하셔야 합니다."

다시 한번 인사드렸다. 어머님의 따뜻한 눈빛을 뒤로하고 돌아오는 길, 이런저런 생각이 오간다.

'말썽부리지 말고, 주인님께 좋은 친구가 되어드려야 해. 어머님께도 좋은 소리 많이 들려드리고. 힘들고 어려우실 때는 네가 좋은 소리로 위로도 해드려. 잘 부탁해. 정말 잘 부탁해. 고마워! 네가 와줘서 정말 고마워!'

속으로 뇌고 또 뇌었다.

커피의 종류와 특징

▪ 태고의 아름다움을 간직한 에티오피아 커피

에티오피아 커피에서는 에티오피아의 바람 냄새와 꽃향기가 나고, 군고구마를 살짝 태운 듯 꼬리꼬리하면서도 고소한 맛이 느껴진다. 에티오피아 커피만큼 다양한 맛이 나는 커피가 있을까? 에티오피아 커피라고 하지만, 에티오피아 각 지역에 따라 특징적인 맛을 자랑한다. 우리가 많이 들어본 이르가체페는 에티오피아 중남부 해발

2000~2500m 고원 지역이라 커피 재배에 최적이라 해도 과언이 아니다. 그곳에 국영 농장 2만여 곳, 개인 농장 30만여 곳이 있다니(사실 농장이라기보다 야생 재배라는 표현이 적합하다), 각 농장에서 생산하는 커피는 세계 최고라 해도 무방하다. 이르가체페뿐만 아니라 시다모, 하라르 등 에티오피아 전역에서 커피를 재배한다.

야생에서 자란 커피는 향과 풍미가 깊다. 가장 다양한 맛과 향을 즐길 수 있는 커피는 역시 에티오피아 커피다. 엄청 넓은 지역의 많은 농장에서 생산한 커피가 각각 특징적인 맛을 내니, 다양함에서야 단연 세계 최고가 아닐까? 은은한 꽃향기와 풍부한 산미, 밸런스가 훌륭한 단맛이 극치를 이루는 최고의 커피라 할 수 있다.

■ 독특한 무게감의 황제, 케냐 커피

케냐와 에티오피아는 붙어 있어서 커피도 비슷한 맛이 날 것 같은데, 실제로는 너무나 다르다. 같은 아프리카 대륙이고, 붙어 있는 지역에서 어쩌면 이렇게 다르단 말인가!

에티오피아 커피가 강한 향기와 부드럽고 풍부한 맛을 자랑한다면, 케냐 커피는 남성적이고 묵직하고 깊이가 있다. 에티오피아 커피가 귀부인이라면, 케냐 커피는 건장한 신사의 풍미가 느껴진다. 그래서 케냐 커피는 약간 강하게 볶아 묵직한 맛을 살리는 것이 일반적이다. 그러나 케냐 커피를 약하게 볶았을 때 올라오는 산미도 훌륭해서, 필자는 케냐 커피 로스팅 포인트를 약중 볶음이나 중강 볶음으로 잡는다. 두 가지 모두 독특하면서 풍부한 맛이 난다. 두 가지 커피를 맛보게 한 뒤 볶음도가 다를 뿐 같은 커피라고 말씀드리면 손님들은 매우 놀란다.

"볶음도에 따라 이렇게 다른 맛이 나는군요!"

■ 아프리카의 바람, 탄자니아 킬리만자로 커피

산을 사랑한 필자에게는 오랜 꿈이 있다. 킬리만자로에 올라보는 것. 아프리카에서 가장 높은 산이며 인류의 고향, 영험함의 극치! 언젠가 꼭 킬리만자로에 가보고 싶다. 몇 번 기회가 있었으나 이런저런 이유로 아직 허락되지 않았다. 킬리만자로가 있는 탄자니아 커피는 그 자체로 동경의 대상이다. 킬리만자로 커피가 맛있는 건 단지 그리움 때문이 아니다.

에티오피아 아래쪽에 케냐가 있고, 그 바로 아래가 탄자니아다. 밸런스와 깊이감이 가장 좋은 커피를 꼽으라면 필자는 탄자니아 커피를 든다. 깊은 산미와 은은한 단맛, 그에 어울리는 묵직한 바디감까지! 더 흥분시키는 것은 아프리카 특유의 내음이다. 이상하게 탄자니아 커피에서는 아프리카의 아련한 바람과 햇살 내음이 난다. 알코올이 빠진 위스키의 끈끈함과 더불어 올라오는 원초적인 향기 같은.

　우울하고 슬플 때는 명랑한 음악보다 조용하고 쓸쓸한 음악을 들어야 위로를 받는다. 필자는 우울하거나 쓸쓸하면 킬리만자로 커피를 내려 마신다. 화려하고 화사하진 않지만, 깊고 은은한 향기가 입안을 감싸며 금세 기분이 좋아지기 때문이다.

■ 세계 3대 커피, 예멘의 모카커피

커피는 에티오피아에서 시작됐으나, 세계로 확산시킨 곳은 예멘의 항구도시 모카다. 예멘과 에티오피아는 가까이 있는데, 예멘의 이슬람교 이맘이 에티오피아에서 커피를 예멘으로 가져와 재배했고, 항구도시 모카를 통해 유럽으로 전파됐다. 하와이안 코나, 자메이카 블루 마운틴과 더불어 세계 3대 커피라는 명성에 걸맞은 커피다.

　아프리카 계열 커피답게 산미와 스모크 향이 강해서, 약간 강하게 볶으면 초콜릿 향이 난다. 카페모카, ○○모카처럼 커피에 초콜릿을 첨가한 베리에이션에 모카라는 말이 붙는 것도 모카커피의 초콜릿 향에서 유래했다고 한다. 약간 쌉싸름하면서 뒤에 올라오는 단맛이 참 매력적이다.

르완다, 콩고, 부룬디, 잠비아, 짐바브웨, 카메룬, 우간다, 코트디부아르 등 아프리카 여러 나라에서도 커피를 생산한다. 이 중에는 우리나라에서 구할 수 있는 커피도 있고, 구하기 어려운 커피도 있다. 그러나 각 나라 커피가 모두 특징이 있고, 훌륭한 맛을 낸다. 어쩌다 우리에게 잘 알려지지 않은 나라에서 생산하는 맛있는 커피를 만나 보석을 발견한 듯 희열에 젖기도 했다. 더 많은 나라에서 생산한 더 다양한 커피를 맛볼 수 있기를 기대한다.

■ 커피를 사랑하는 사람이라면 과테말라에 묻히고 싶다

'커피를 사랑하는 사람이라면 과테말라에 묻히고 싶다.' 커피 애호가들이 과테말라 커피를 얼마나 사랑받는지 알려주는 말이다. 국민 1/4 정도가 커피 관련 산업에 종사한다니, 그야말로 커피의 나라라고 해도 과언이 아니다. 안티구아를 비롯한 주요 커피 생산지가 화산재로 덮인 비옥한 토양이고, 고원지대라 일교차가 크며, 건기와 우기가 뚜렷해 맛있는 커피를 생산하기에 알맞은 환경이다.

천혜의 자연환경에서 자란 커피는 매우 단단하고 깊은 맛이 난다. 과테말라 커피를 이야기할 때 스모크하다는 말이 거의 빼놓지 않고 나온다. 커피에서 연기를 머금은 듯한 향이 난다는 말인데, 우리나라 커피집에서 스모크 향을 느끼기에는 어려움이 있다. 일단 커피를 지나치게 볶고 태우다 보니 거의 모든 커피가 예기치 않게 스모크 향이 난다. 물론 커피를 태워서 나는 쓴맛과 과테말라 커피에서 말하는 스모크 향은 전혀 다르다. 과테말라 커피는 기본적으로 묵직하고 다크하지만, 산미와 단맛도 좋아서 잘 볶으면 훌륭한 맛이 난다.

우리에게는 안티구아가 익숙하지만, 산타로사와 코반, 우에우에테낭고, 산마르코스 등 거의 전역에서 커피를 생산한다. 모두 각각 특징이 있고 훌륭한 맛이 난다.

■ 중용의 아름다움, 콜롬비아 커피

콜롬비아 커피는 품질에 비해 저평가됐다. 값도 상대적으로 낮다. 국가 차원에서 엄격한 품질관리를 하지만, 세계 커피 생산량 3위에 대량 수출로 값이 비교적 낮게 형성되지 않나 싶다. 필자는 몇 년 전 메데인 지역의 커피를 발견하고 충격을 받았다. 부드럽고 안온하면서도 산미와 단맛이 적당한, 모든 것을 수용할 듯한 포용력에 중용의 맛을 간직한 커피라는 생각이 들었다. 그때부터 콜롬비아 메데인은 필자의 애용품이 됐다. 약 볶음, 중 볶음, 중강 볶음, 강 볶음 모든 영역에서 나름의 아름다운 맛이 나는 범용 커피라는 생각이 든다.

대다수 커피 로스터가 에스프레소용으로 블렌딩할 때 브라질 커피를 베이스로 사용하는데, 필자는 주로 콜롬비아 커피를 사용한다. 콜롬비아 커피는 수용력이 강하면서도 부드럽고 안온한 특징을 잘 지키기 때문이다. 블렌딩하지 않고 싱글 오리진으로 아메리카노를 내리거나 아이스 아메리카노를 만들어도 산미와 단맛, 고소함, 바디감 모든 면에서 흠잡을 데가 없다. 은은하면서 부드럽고 산미와 단맛이 풍부한 중용의 커피는 그 자체로 사람을 기분 좋게 만드는 힘이 있다.

■ **스페셜티 커피 시장에서 새롭게 떠오르는 골리앗, 브라질 커피**

브라질 커피는 지금까지 스페셜티 커피 시장에서 그리 좋은 평가를 받지 못했다. 세계 1위 커피 생산국이지만 품질보다 양에 초점을 맞추고, 저가 정책을 벌인 탓일 것이다. 실제로 커머셜 커피의 블렌딩 베이스로 브라질 커피를 사용하는 경우가 많다. 이는 저렴하고 별 특징 없이 밋밋해서 블렌딩에 첨가하는 다른 커피의 맛을 잘 드러낼 수 있기 때문이기도 하다. 브라질 커피가 특징 없고 밋밋한 맛으로 인식된 것은 대부분 고도가 낮은 지역에서 재배하기 때문이다.

그러나 브라질커피협회가 해산되고 브라질스페셜티커

피협회Brazil Specialty Coffee Association, BSCA가 새로 결성됐으며, 각 농장이 품질 개선을 위해 꾸준히 노력해 요즘은 훌륭한 스페셜티 커피가 늘고 있다. 저력이 있으니 조만간 스페셜티 커피 시장의 강자로 떠오르지 않을까 싶다. 지역적 한계를 어떻게 극복하느냐가 문제다.

■ 커피의 진주, 중앙아메리카 커피

태평양과 대서양 사이, 북미와 남미를 가늘고 길게 연결하는 중앙아메리카는 화산 지역에 고산지대, 바닷바람을 맞는 지형이라 이 지역에서 나는 커피는 독특한 향과 맛을 자랑한다. 니카라과와 코스타리카, 파나마가 붙어 있는데, 모두 정말 맛있는 커피를 생산한다.

타라주로 유명한 코스타리카 커피는 맛과 향이 짙고 독특하다. 산미도 좋고 깊은 바디감에서 우러나는 각종의 과일 맛이 일품이다. 처음에는 익숙지 않은 맛에 약간 당황하거나 불편함을 느낄 수도 있지만, 이 맛에 길들면 계속 찾게 된다. 이런 이유로 유난히 마니아가 많은 커피다. 니카라과 커피는 코스타리카보다 좀 더 무난한 맛이라 할 수 있다. 콜롬비아 커피와 과테말라 커피 사이에 있는 맛이 아닐까 한다.

세계에서 가장 유명한 커피를 꼽으라면 아마도 파나마

게이샤를 들 것이다. 워낙 고가라 일반인에게는 꿈의 커피, 한 번 맛이나 봤으면 하는 커피다. 에티오피아 아바야 지역의 게이샤를 가져다가 품종을 개량한 파나마 게이샤는 아바야 게이샤의 원초적 아름다움을 섬세하고 세련되게 다듬었다고 할 수 있다. 파나마는 초고가·초고품질 커피에 초점을 맞춰 발전시키고 있다.

■ 로부스타 커피의 재발견

커피 품종은 크게 로부스타robusta와 아라비카arabica로 나뉜다. 라이베리아에서 발견된 리베리카liberica도 있지만, 생산량이 워낙 미미하고 상업용 커피로는 거의 유통되지 않으니 논외로 한다. '아라비카는 고가의 스페셜티 커피, 로부스타는 저가의 커머셜한 커피'라는 게 일반적인 인식이다. 그러나 정말 맛있는 로부스타를 마셔본 사람은 그것이 얼마나 큰 편견인지 알 수 있다.

필자는 오래전 루왁(인도네시아의 사향고양이 똥에서 나온 커피)을 원 없이 볶아봤다. 지금 상업용으로 나온 루왁은 사향고양이를 잡아 가두고 억지로 커피 체리를 먹여서 얻은 게 대부분이다. 이런 커피는 절대 마셔선 안 된다고 생각한다. 동물 윤리 측면에서도 그렇고, 건강을 위해서도 그렇다. 원래 사향고양이는 주식이 따로 있고 소화를 위해 커피 체리를 약간 먹는데, 농장에서는 거의 커피 체리만 먹이니 사향고양이가 건강할 리 없다. 건강하지 않은 동물의 배설물에서 나온 커피가 건강에 좋을 수 있겠는가. 인간의 욕망이 만든 괴물이다.

필자가 구한 루왁은 인도네시아 밀림 지역에서 조금씩 수집한 것인데, 참 재미있고 소중한 인연으로 입수했다. 커피를 전문적으로 만드는 사람으로서 세계 여러 나라 각양 각종의 커피를 마셔봐야 한다는 일념이 있던 때라, 자연산 루왁 입수는 참 감사한 일이었다. 루왁을 볶아 내려서 마셔봤다. 매우 구수하면서 단맛이 돌고 약간 꼬리꼬리하면서도 매력적인 깊은 맛이 훌륭했다. 고급스러운 사향의 향까지 어우러져, 이 세상 맛이 아니라는 생각을 했다. 그리고 오랫동안 루왁을 마시지 않았다. 예전의 인연이 끊겨 루왁을 입수하지 못하기도 했고, 맛을 봤으니 굳이 루왁을 먹어야 할까 생각하기도 했다.

그러다 베트남의 로부스타를 만나 볶아봤다. 첫 모금을 넘기는 순간 깜짝 놀랐다. 틀림없는 루왁의 맛이었다. 사향이 만든 깊은 향미는 없지만, 루왁과 거의 흡사한 맛이었다. 루왁이 사향고양이 똥 때문에 맛있다고 생각했는데, 이 커피를 마셔보니 루왁이 훌륭한 것은 원래 생두가 맛있기 때문임을 알았다. 거기에 사향의 그윽한 향미가 더

해져 더 고급스럽고 훌륭한 맛이 나겠지만, 커피는 역시 기본이 되는 생두가 맛있어야 한다는 걸 깨달았다.

오랜만에 방문한 동생에게 로부스타 커피를 내려줬다. 한 모금 마셔본 동생 눈이 동그래졌다.

"루왁이 어디서 또 났디야? 참 오랜만에 마셔보네."

"그지? 루왁 맛이지?"

"형! 내 입맛이 얼마나 정확한데 루왁을 모르겠어요?"

동생에게 루왁이 아니라 로부스타라고 하니, 감탄하며 역시 우리의 편견이 심하다는 쪽으로 의견을 모았다.

로부스타는 야생의 힘이 강한 커피나무다. 어디에서나 잘 자라고 병충해에도 강하다. 아라비카의 새콤달콤한 풍미는 부족하지만, 고소함과 은은한 단맛이 장점이다. 필자에게 생두를 제공하는 회사의 영업 사원이 카페를 방문했을 때, 이 원두로 커피를 내려줬다.

"어디 커피인데 이렇게 맛있습니까? 정말 훌륭하네요. 바디감도 좋고 단맛도 많이 올라오고…."

"당신네 커피예요. 지난번에 보내준 로부스타."

그 영업 사원도 깜짝 놀랐다.

"사장님이 주문하셔서 이 생두를 보내드릴 때, 좀 걱정했습니다. 지금까지 많은 분께 안 좋다는 평만 들었거든요. 이 커피가 이렇게 맛있는 줄은 정말 몰랐습니다."

세상에 나쁜 커피는 없다. 그 나름의 맛을 살리기 위해 얼마나 정성을 들이고 어떻게 볶느냐가 중요하다. 좋은 생두를 찾아내는 것도 중요하지만, 그 생두를 잘 볶는 것도 그 이상 중요하다.

커피 몇 종류와 그 특징을 간단하게 다뤘다. 커피는 수백 수천 종이 있고, 저마다 아름다운 맛이 난다. 이렇게 다양한 맛을 어떻게 간단히 말할 수 있으랴. '잘 익은 생두를 잘 볶아서 잘 내리면 어떤 커피든 맛있다.' 이것이 필자가 말하는 기본이 된 커피다. 어떤 이는 6V6 진공관의 소리를 좋아하고, 어떤 이는 300B 진공관의 소리를 좋아하듯, 취향의 문제가 아닐까 싶다. 취향은 기본을 잘 지켰을 때 이야기할 수 있다. 앰프와 커피의 길을 걸어오면서 이들은 참 닮았다, 아니 한가지라는 생각이 든다.

4

로스팅, 그 아름다운 세계

어쩌다
커피집 주인

카페 '다락'

우리끼리 수망으로 잘 볶아서 맛있게 내려 마시자던 커피 수요가 늘어, 내 사무실은 어느새 커피 손님으로 북적거렸다. 손님이라야 벗과 지인이지만. 그러자 몇몇 친구가 의견을 냈다.

"커피도 마시고 음악도 듣는 놀이터 같은 카페를 자그마하게 내면 어떨까?"

"어차피 돈 벌 궁리가 아니라면 그것도 괜찮겠네."

대답은 했어도 바빠서 잊었는데, 적극적으로 주장한 김이 공원 근처 부동산 사무실이 월세로 나왔다며 한번 보러 가자고 했다. 가보니 2층에서 공원이 한눈에 내려다보이는 복층 구조였다. 고즈넉하고 시원한 풍경, 도심에 이런 곳이 있다니 느낌이 참 좋았다.

그다음부터 일사천리로 진행됐다. 나와 동생은 종전 구조를 철거하고, 벽에 합판과 타일을 붙이고, 페인트를 칠하고, 의자며 탁자까지 직접 만들었다. 직장 때문에 서울에서 생활하는 김은 주말마다 내려와 일을 도왔다. 순전히 우리 손으로 카페를 만드느라 거의 석 달이 걸렸다. 오랫동안 공사하다 보니 지나가던 이들이 목공소인 줄 알고 의자를 만들어줄 수 있냐고 해서 한바탕 웃기도 했다. 지금 생각하면 참 행복한 시절이었다. 그 후 내게는 많은 일이 있었고, 많은 것을 배운 곳이다.

숯불의 발견

가스버너에 수망으로 로스팅하면서 열원으로 숯불을 사용하면 어떨까 하는 생각이 들었다. '숯불에 구운 고기가 맛있듯, 숯불로 볶은 커피도 맛있지 않을까?'

프라이팬에 구운 고기와 석쇠에 얹어 가스 불에 구운 고기, 석쇠에 올려 숯불로 구운 고기는 맛이 다르다. 이는 누구나 아는 사실이다. 일정한 열량을 받아 단백질이 변성하는데 왜 고기 맛이 다를까? 열을 가하는 방식과 시간이 다르기 때문일 것이다. 필자는 불도 각각 기운이 다르다고 생각하지만, 증명할 수 있는 일이 아니니 논외로 한다.

뭐든지 궁금하면 해봐야 하는 위인이라, 당장 실행에 옮겼다. 작은 화덕과 참숯 한 상자를 사서 볶아봤다. 의외로 잘 볶였다. 숯불로 볶았으니 스모크 향이 날 거라는 생각으로 처음 볶은 원두를 갈아 커피를 내렸다. 그러나 생각과 달리 스모크 향은 나지 않았다. 가스 불로 볶았을 때와 같은 맛인데, 놀랍게도 훨씬 깊고 그윽했다. 모든 맛이 짙고, 향이 깊고, 바디감도 훌륭했다. 무엇보다 매우 깔끔한 맛이었다.

"역시 숯불로 볶으니 훨씬 깊고 맛있네!"

내 생각이 틀리지 않았다. 숯불에 수망으로 볶으니 완전한 숯불 직화 로스팅이었다. 그때부터 계속 숯불로 볶으며 왜 숯불로 볶은 커피가 맛있는지 연구했다. 어떻게 하면 더 맛있는 커피를 만들 수 있을까 수없이 생각하고 실행에 옮겼다.

필자가 내린 결론은 열전달 방식에 원인이 있다는 것이다. 열전달 방식에는 대류, 전도, 복사가 있다. 그중 복사열은 열원에 있는 열 파장으로 열을 전달한다. 열 파장은 물체의 깊숙한 부분까지 침투한다. 우리가 사용하는 전기난로가 복사열로 열을 전달하는데, 난로에서 조금만 떨어져도 별로 따뜻하지 않다. 그러나 난로 근처는 매우 뜨거워 화상을 당하기도 한다. 전기난로 화상은 다른 불에 데었을 때보다 상처가 깊다. 즉 복사열은 매우 깊이 침투한다. 가스 불로 고기를 구울 때 온도가 매우 높은데, 겉은 타고 속은 잘 익지 않는다. 그러나 숯불로 구우면 불이 세지 않은 것 같지만, 겉과 속이 골고루 익는다.

일반적인 로스팅 방식은 겉부터 익을 수밖에 없다. 겉이 먼저 익고 그러다 타면 표면에 단단한 막이 생기면서 내부의 수분이 갇혀, 수분 날리기가 제대로 되지 않는다. 숯불로 볶을 때는 열이 생두 깊숙이 침투해 속이 먼저 익는다고 할 순 없지만, 전체적으로 골고루 익는다. 내 말을 들은 벗, 심군이 솔깃한 제안을 했다.

"예전에 내가 우리 쌀 거점 단지를 할 때, 도정 과정에서 원적외선 처리를 했어요. 모든 사물에 원적외선을 쬐면 일정 기간 원적외선이 남아요. 아마도 이렇게 숯불로 볶은 커피에도 틀림없이 원적외선이 있을 겁니다. 사단법인 한국원적외선협회에 한국원적외선응용평가연구원이 있는데, 그곳에서 원적외선 함량 검사를 받아봐요."

나는 가까이 있는 후배가 일하는 로스팅 공장에서 생두를 일반 로스터로 볶아 샘플을 마련하고, 숯불로 같은 생두를 같은 볶음도로 볶아 원적외선 분석을 의뢰했다. 결과는 놀라웠다. 일반 로스터로 볶은 원두에도 원적외선이 있었다. 드럼이 달궈지며 방사된 원적외선이 남는 모양이다. 숯불로 볶은 원두에는 훨씬 많은 원적외선이 있었다. 숯불을 열원으로 사용하면 더 맛있게 볶이는 한 가지 원인은 과학적으로 입증한 셈이다.

화덕 내부는 온도가 엄청나게 높지만, 열 파장에 따라 은은하고 깊이 전달돼 좀 더 깊고 균일하게 익는다. 거기에 수망을 통해 직화로 열 파장을 받아들이고, 내부의 수증기가 그대로 배출되니 깔끔하면서도 깊은 맛이 나는 원두가 만들어진 것이다. 숯불로 볶은 원두는 언제나 매진이라, 우리가 먹을 원두가 없다고 투덜거릴 정도였다.

커피 가마

커피집을 내면서 원두 수요가 더 늘었다. 도저히 작은 화덕에 수망으로 볶아서 감당할 일이 아니었다. 커피를 더 효율적으로 볶을 방법이 필요했다. 수망 로스팅의 가장 큰 단점은 한꺼번에 많은 커피를 볶을 수 없고, 열원이 날아가 열 손실이 크다는 점이다. 이 문제를 해결하기 위해 커피집 마당에 커피 가마를 짓기로 했다.

동생과 함께 중고 주방 용품 가게에서 화덕을 구해 가마 하부에 장착하고, 그 둘레를 내화벽돌로 쌓았다. 재 받이와 통풍구를 마련하고 상부를 내화벽돌로 덮은 뒤, 파이프로 수망을 걸 장치를 만들었다. 파이프 끝에 만든 고리에 수망을 체인으로 걸어, 체인을 당기고 놓으며 수망 높낮이를 조절하도록 했다.

열이 가마 내부에 갇히니 로스팅이 훨씬 더 빠르고 원활해졌다. 정말 많은 커피를 볶았다. 여름에는 가마 열기를 고스란히 받아 땀범벅이 됐고, 겨울에는 열을 가두느라 뚜껑을 만들어 덮고 찬 바람을 맞으며 볶았다. 커피를 볶으며 정말 많은 것을 배웠다. 로스팅하는 시간과 화력을 조절해, 수많은 변수 속에서 커피 맛이 어떻게 발현하는지 몸으로 터득했다.

커피를 볶는
다양한 방법

가장 원시적인 팬이나 수망 로스팅

언제부터 커피를 볶아서 마셨는지 정확히 알지 못한다. 그러나 이슬람 문화권에서 커피를 마실 무렵부터 볶아서 사용한 것으로 보인다. 초기에는 가장 원시적인 방법으로 볶았을 것이다. 아마도 팬을 사용하지 않았을까? 팬 로스팅은 팬에 생두를 넣고 주걱으로 저으며 볶는 방법이다. 지금도 아프리카나 동남아시아 등 현지에서 이 방법으로 볶고, 가정에서 소규모로 볶을 때도 팬을 사용한다.

이를 응용한 로스터도 있다. 어릴 적 방앗간에 가면 가마솥 같은 기계가 있고, 가운데서 돌아가는 날개가 섞어주며 깨를 볶았다. 이와 유사한 구조다. 넓적한 가마솥에 커피콩을 넣고 가운데서 교반 날개가 돌아가며 볶는 방식이다. 요즘은 거의 사용하지 않지만, 오래전 일부 지역에서 많이 썼다.

로스팅은 생두가 열을 흡수해 내부에 있는 성분이 물리적·화학적으로 변하는 과정이다. 그러므로 어떤 식으로든 열을 커피콩에 전달해야 한다. 열은 세 가지 방식으로 전달한다.

물체에 열을 가하고 그 물체가 다른 물체와 접촉하면 직접 열이 전달되는데, 이를 전도라고 한다. 대류는 뜨거워진 공기가 열을 전달하는 방식이다. 즉 방 한쪽에 있는 난로에 불을 피우면 따뜻한 공기가 방 전체를 덥히는 현상이다. 열원은 고유의 열 파장이 있고, 열 파장은 다른 매개체 없이 바로 열을 전달한다. 태양열이 아무런 매개 없이 지구에 도달하는 것과 같은 열전달 방식으로, 복사라고 한다. 로스터는 기본적으로 세 가지 방식을 다 사용하지만, 로스터마다 주로 사용하는 방식이 있다.

팬 로스팅은 주로 전도 방식이다. 전도는 우리가 난로에 손을 댈 때처럼 강한 열이 일순간에 표면으로 전달된다. 팬 로스팅은 팬의 열이 연약한 생두에 바로 닿기 때문에 자칫하면 표면이 탈 수 있다. 팬 로스팅을 할 때는 주걱으로 계속 젓거나 팬을 흔들어 생두가 팬의 표면에 접촉하는 시간을 줄여야 한다. 그러다 보니 한꺼번에 많이 볶을 수 없고, 자칫하면 표면이 타는 단점이 있다.

넓고 뚜껑이 없는 팬을 사용하는 경우, 전도에 의존할 수밖에 없다. 이런 단점을 보완하기 위해 냄비처럼 속이 깊은 용기를 사용하고, 뚜껑을 덮고 흔들면 전도와 더불어 팬 내부에 있는 공기가 데워져 대류를 통해서도 열이 전달된다. 요즘은 가정에서 로스팅할 때 이런 냄비형 로스팅 팬을 많이 사용한다.

팬 로스팅은 용기에 생두가 계속 닿아 표면이 타기 쉬우므로, 이를 방지하기 위해 수망을 사용하기도 한다. 수망을 불에서 적절히 띄워 사용하면 생두가 타는 것을 방지할 수 있으며, 수분 날리기 과정에서 발생하는 수분도 바로바로 빠진다. 그러나 냄비형 로스팅 팬보다 열 손실이 커서 시간이 오래 걸릴 수 있고, 기술도 필요하다. 오랫동안 손으로 흔들기 어려워 팬을 원통형 드럼으로 만들고, 생두가 잘 섞이게 내부에 교반 날개를 달고 모터로 돌리는 원통형 로스터로 발전했다.

직화식 로스터

원통형 드럼 방식 기구가 1650년대에 등장한다. 이후 1660년경 영국에서 엘포드Elford가 백주철 드럼에 쇠꼬챙이를 끼워 손으로 돌리는 로스터를 만들었고, 이탈리아에

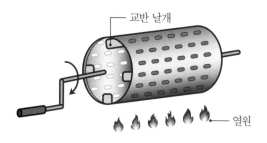

교반 날개

열원

그림 2 직화식 로스터

서도 연철로 로스팅 기구를 만들었다.[*] 이후 이 원리를 이용해 다양한 로스터가 제작되고, 특허도 취득한다. 기본적인 원리는 모두 비슷하다. 드럼에 구멍을 뚫으면 직화 방식에 훨씬 가까워질 것이다. 다만 드럼 안에 열을 잡아두는 효과는 떨어진다.

이렇게 만든 직화식 로스터는 오랫동안 사랑받았다. 대량을 한꺼번에 볶기 어렵고, 커피 로스터의 기술 수준에 따라 품질 차가 크다는 단점이 있다. 잘 볶으면 가장 맛있는 커피를 만들 수 있으나, 잘못 볶으면 원두를 버려야 한다. 직화식 로스터는 주로 가정이나 소규모 카페, 테스트

───

[*] 《올 어바웃 커피》, 윌리엄 H. 우커스 지음, 박보경 옮김, 세상의아침, 2012.

용으로 사용한다. 직화식 로스터의 단점을 보완하기 위해 반열풍식 로스터를 만들었다.

반열풍식 로스터

반열풍식 로스터는 직화식 로스터 구조에 열원에서 발생하는 공기를 다시 드럼 내부로 들어가게 하는 방식이다. 이렇게 하면 열원이 드럼을 데우고, 여기에 뜨거운 공기를 넣어 생두가 더 빨리 익는다. 이 방식은 드럼 내부의 온도를 조절하기 쉽고, 열 손실이 적으며, 생두를 섞기도 쉽다. 직화식 로스터보다 대량으로 볶을 수 있어 소규모 로스팅 공장이나 중형 이상 로스터리 카페에서 주로 사용한다.

열풍식 로스터

직화식 로스터나 반열풍식 로스터는 대량을 한꺼번에 볶는 데 한계가 있다. 열풍식은 대류로 볶기 때문에 생두가 뜨거운 철반에 닿아 표면이 타는 현상을 없앤다. 열풍식 로스터로 볶은 원두는 표면이 고르고 색이 일정하다. 그러나 열풍식은 바람에 오랫동안 노출되면서 커피의 풍미를 잃어버리는 단점이 있다. 생두를 둘러싼 공기의 흐름(와류)에 의해 표면에는 열을 덜 받지만, 이를 통해 흡수된 열이 생두 내부에 잔류해 안이 타는 현상이 일어나기도

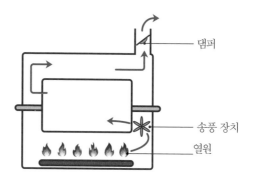

그림 3 반열풍식 로스터

한다. 겉은 멀쩡하나 생두를 쪼개면 내부가 탄 것도 있고, 표면 색깔은 흐린데 쓴맛이 많이 나는 경우도 있다. 열풍식 로스터는 이런 점을 염두에 두고 사용해야 한다.

요즘은 이런 단점을 보완하기 위해 특별한 기능을 갖춘 로스터가 나왔다. 예를 들어 RFB 방식은 생두가 흡열반응을 할 때는 표면에 단열층을 형성해 열전달을 방해하는데, 드럼 내부에서 열풍이 흐르는 방향을 이용해 생두를 공중에 띄운 다음 회전과 교반으로 단열층을 제거해서 고르게 익힌다. 이외에도 열풍식 로스터의 단점을 보완하기 위한 연구가 계속되고 있다.

전후 요동식 숯불·가스 겸용 로스터의 탄생

로스터 회사는 종전 방식의 단점을 없애고 특징 있는 로스터를 만들기 위해 노력한다. 필자는 처음부터 지금까지 손으로 3t이 넘는 커피를 볶았다. 그 과정에서 생두가 어떻게 익어가고, 어떤 변화와 어떤 맛이 나는지 온몸으로 체험했다. 수많은 카페를 다니며 든 실망감이나 아쉬움이 기계 로스팅 방식의 한계 때문인지도 모른다고 생각했다.

손으로 볶으면서 기계 로스팅 방식의 한계를 극복할 단서를 자연스럽게 얻었다. 이를 바탕으로 전후 요동식 숯불·가스 겸용 로스터를 발명했고, 2020년에 특허를 획득했다. 자세한 내용은 뒤에서 다룰 것이다.

생두가
익어가는 과정

볶는다는 것

로스팅은 커피를 볶는 일이다. 그럼 볶는다는 것은 무엇일까? 음식물을 익히는 방법에는 여러 가지가 있다. 삶기는 재료를 물에 담가 끓는 물의 열을 이용해 익히는 방법이고, 찌기는 재료를 물에 담그지 않고 수증기의 열로 익히는 방법이다. 굽기와 볶기는 재료에 직접 열을 가해 익히는 방법이다.

그렇다면 굽기와 볶기는 어떻게 다를까? 영어로는 모두 로스트roast지만 우리말에서 굽기는 수분이 많은 재료에 직접 열을 가해 익히는 방법이고, 볶기는 수분이 매우 적은 곡물에 열을 가해 익히는 방법이다. 볶을 때는 수분이 없다 보니 오랫동안 열을 가한 부분만 탄다. 이를 방지하기 위해 도중에 잘 섞는 것을 교반이라 한다. 모든 로스터에는 원활한 교반을 위한 장치를 고안·설치한다.

로스팅의 기본은 골고루 익히는 데서 출발한다. 생두를 골고루 익히면 좋은 맛이 난다. 이때 '어느 정도 열을 가하고, 시간을 얼마나 들여 어느 단계까지 도달하게 할까' '어느 시점에서 멈춰 배출할까'가 관건이다. 로스팅은 이들의 함수관계다. 지금까지 모든 커피 로스터의 고민은 '어느 시점에 기계에서 꺼내 식힐까?'였다. 이 배출 시점을 '로스팅 포인트'라고 부른다. 필자는 여기에 후처리 과정을 추가했다.

수분 날리기

생두는 볶으면 서서히 열을 흡수하며 익어간다. 이때 생두에 있던 수분이 먼저 날아간다. 생두는 수확해서 처리 과정을 거쳐 건조하면 수분을 10~12% 함유한 상태다(이후 운송·보관 과정에 따라 다소 차이가 있다). 이 수분이 로스팅 과정에서 빠져나가야 한다. 생두에 수분이 남은 상태에서 열을 가하면 볶인다기보다 쪄진다. 그러면 비리거나 떫은맛이 많이 나는 원두가 되므로, 수분이 원활하게 빠져나가도록 해야 한다.

필자는 강의할 때나 커피 로스터와 대화할 때, '로스팅 과정에서 커피콩의 색이 어떻게 변하는지 아는가' 묻는다. 참 바보 같은 질문이다. 커피 로스터치고 이를 모르는 이는 없을 것이다. 그러나 이 기초적인 질문에 정확히 대답하는 커피 로스터를 아직 만나지 못했다.

"처음에는 녹색을 띠는 옅은 갈색 생두가 로스팅함에 따라 진한 갈색으로 변하고, 좀 더 지나면 밤색을 띠다가 초콜릿색이 되고, 더 진행하면 까맣게 변합니다."

대다수 커피 애호가나 커피 로스터의 대답이다. 이는 정답이 아니다. 커피를 볶으면 처음에 약간 녹색을 띠는 옅은 갈색 콩이 로스팅을 진행하면서 강한 녹색으로 변하는 순간이 온다. 오히려 더 푸르게 변한다. 왜 그럴까? 생두에 있던 수분이 나와 겉면에 수분이 많아지다가 결국 날아가기 때문이다.

수년간 커피를 전문적으로 볶아온 커피 로스터도 이 사실을 잘 모른다. 왜 그럴까? 한 가지 이유는 밀폐된 드럼식 로스터에서 커피콩이 볶이는 과정을 들여다볼 수 없기 때문이다. 로스터에는 대개 테스트 스쿱이 있어 중간중간 커피콩을 꺼내 확인하지만, 로스팅 초기에 커피콩을 꺼내 확인하는 커피 로스터는 그리 많지 않다. 꺼내본다 해도 다시 푸르게 변하는 순간이 짧아, 이때 커피콩 색을 확인하기란 확률적으로 어렵다. 수분 날리기 과정이 제대로 되지 않았기 때문일 수도 있다.

필자는 수망으로 볶아봤다고 여러 번 말했다. 수망 로스팅의 최대 장점은 커피콩이 변하는 과정을 오감으로 적나라하게 느낄 수 있다는 것이다. 로스팅할 때 커피콩 내부의 수분이 빠져나와 표면에 맺히면 짙은 녹색을 띠며 생기에 찬 느낌이 든다. 이는 수분 날리기 과정에서 무엇이 필요한지 말해준다.

첫째, 처음부터 강한 열을 주지 않는 게 중요하다. 여기에는 두 가지 요인이 작용한다. 먼저 투입 온도다. 드럼식 로스터는 드럼을 달구는 예열 과정이 필요하다. 빈 드럼에 열을 가해 일정한 온도가 됐을 때 생두를 투입하는데, 온도가 너무 높은 상태에서 투입하면 뜨거운 드럼에 생두 표면이 닿아 갑작스럽게 열을 흡수하고, 익지도 않고 타버려 표면에 막이 만들어지면서 안에 있는 수분이 갇힐 수 있다. 그러면 수분이 열을 받아 생두가 쪄져서 비리고 떫고 아린 맛이 난다. 그러므로 생두 투입 온도를 너무 높게 잡지 않는 것이 중요하다.

일반적으로 에스프레소용보다 핸드 드립용으로 볶을 때 투입 온도를 더 낮춘다. 적당한 투입 온도는 로스터와 생두의 상태에 따라 다르다.

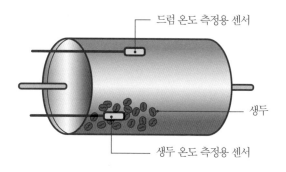

드럼 온도 측정용 센서

생두

생두 온도 측정용 센서

그림 4 드럼식 로스터의 드럼 내부 구조

로스터의 온도계는 절대적인 것이 아니다

커피 로스터가 반드시 알아야 할 것이 있다. 로스터에 달린 온도계는 실제 온도가 아니라는 사실이다. 먼저 드럼 식 로스터의 드럼 내부 구조를 살펴보자.

대부분 드럼의 상부에 드럼 온도를 측정하는 센서가, 아 래쪽에 생두의 온도를 측정하는 센서가 있다. 드럼 상부는 생두가 거의 닿지 않는 공간이고, 아래쪽은 생두가 늘 머 무르는 공간이다. 아래쪽에 생두 온도 측정용 센서를 부착 해 생두가 온도계를 덮어 측정하도록 하는 것이다. 그러니 로스터에 표시되는 생두 온도bean temperature는 생두가 덮 고 있는 공간의 온도지, 실제 생두의 온도가 아니다.

즉 로스터에 표시되는 드럼 온도는 실제 드럼의 온도가 아니라 드럼 내부 공기의 온도이며, 생두 온도는 실제 생두의 온도가 아니라 생두가 덮고 있는 공간의 온도다. 이 온도는 온도계의 위치, 생두의 양에 따라 편차가 크다. 드럼 온도를 측정하기 위해 실제 드럼의 표면 온도를 측정하는 센서가 부착된 로스터도 있는데, 부양식 센서와 표면 측정 센서는 큰 편차를 보일 것이다.

로스팅 시 표시되는 온도는 로스터의 특성에 따른 표시 온도일 뿐, 로스터에 따라 모두 같은 절대온도가 아니라는 말이다. 그러므로 로스팅 프로파일*에서 온도 값은 로스터에서 같은 양을 볶을 때만 적용되는 것임을 반드시 기억해야 한다.

그렇다면 처음 로스터를 사용할 때 어떻게 해야 할까? 일단 그 로스터의 기준을 정할 필요가 있다. 필자는 1차 크랙 시점을 기준으로 한다. 크랙은 1차와 2차로 나뉘는데, 필자는 1차 크랙을 중요하게 생각한다. 1차 크랙이 몇 ℃에서 오고, 시간이 얼마나 걸리는지 보고 이를 기준으로 프로파일링하는 것이다. 1차 크랙 온도를 기준으로 0, ±10, ±20, ±30℃… 이런 식으로 투입하기를 여러 차례

---

* 로스팅 과정에서 시간에 따른 온도의 변화를 정리한 일종의 레서피

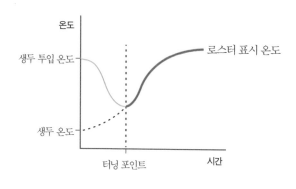

그림에서 온도를 나타내는 화살표와 시간 화살표가 있으며, 생두 투입 온도, 로스터 표시 온도, 생두 온도, 터닝 포인트가 표시되어 있다.

그림 5 터닝 포인트

반복 실험해 투입 온도의 기준을 잡는다.

이렇게 로스터를 예열한 어느 시점에서 생두를 투입하면 차가운 상태이므로, 로스터의 온도계는 급속히 떨어지는 수치를 표시한다. 이는 실제 생두의 온도가 아니라 생두 때문에 떨어지는 드럼 내부의 온도다. 이렇게 온도가 떨어지다가 바닥을 치고 다시 상승하는데, 이때 최저점을 '터닝 포인트'라 한다. 이는 생두의 실제 온도와 생두 온도 측정용 온도계의 표시 온도가 일치하는 순간이다. 생두를 투입하고 얼마 만에 터닝 포인트가 오는가도 커피 맛에 영향을 준다.

수분 날리기에서 또 중요한 것은 댐퍼의 사용이다. 댐퍼는 주로 반열풍식 로스터에서 사용되는데, 드럼 내부의 공기를 외부로 빼내는 통풍 조절 장치다.

댐퍼를 닫으면 내부의 공기가 빠져나가지 않으므로, 드럼 내부 온도가 급격히 올라간다. 반면 댐퍼를 열어두면 내부의 공기가 빠져나가면서 드럼 내부 온도가 천천히 올라가거나 떨어질 수 있다. 그러나 일정한 온도 이상 올라간 뒤에는 댐퍼가 닫혀 있으면 대류가 원활하지 않아 오히려 온도가 상승하지 못하다가, 댐퍼를 열면 급격히 상승한다. 처음 생두를 투입해 드럼 내부에서 수분 날리기가 진행되면 생두에서 나온 수증기가 드럼 내부에 남아 있다. 그러면 생두가 볶이지 않고 수증기에 쪄지는데, 이는 로스팅한 원두의 맛을 떨어뜨리는 중요한 원인이 된다.

수분 날리기 과정에서는 댐퍼를 열어 생두에서 나온 수증기가 원활히 빠져나가도록 해야 한다. 이때 불이 너무 세지 않게 조절해 온도를 서서히 높이면서 수분 날리기가 원활하게 진행되도록 한다.

요즘은 이 과정을 프로그램으로 자동 조절하는 장치를 갖춘 로스터가 대부분이다. 첨단 장치가 있고 기계가 알아서 해준다 해도 커피 로스터가 원리를 아는 것과 모르는 것은 다르다. 첨단 장치가 있는 기계로 볶아도 언제나 만족스러운 결과가 나오진 않는다. 원리를 알아야 문제가 생겼을 때 정확한 해결책을 찾을 수 있다.

필자는 훌륭한 커피 로스터가 되고 싶다면, 아니 자신이 원하는 커피를 만들고 싶다면 손으로 볶아보라고 조언한다. 손으로 볶다 보면 커피콩의 변화를 정확히 알 수 있고, 이 과정을 통해 자동화된 기기의 프로파일도 스스로 만들 수 있다.

커피 로스팅에서 수분 날리기는 참 중요하다. 로스팅의 시작이지만 이 하나하나가 모여 맛있는 커피가 만들어지기 때문이다.

익히기

수분이 날아가고 적당히 익어가는 단계에 들어서면 커피콩은 약간 진한 갈색을 띠기 시작한다. 이때 풋내가 사라지고 고소한 향기가 난다. 이렇게 커피 로스터는 오감을 사용하고 육감까지 동원해 커피를 볶는다.

익히기 단계에서는 열원을 높여 볶는데, 이때 '얼마나 걸려서 1차 크랙에 도달할까'가 중요하다. 생두를 투입하고 1차 크랙까지 걸리는 시간은 커피 맛을 좌우하는 중요한 요소다. 센 불로 빠르게 익힌 원두와 약한 불로 천천히 익힌 원두는 맛이 다르기 때문이다.

빨리 익힌 원두는 산미가 강하고, 천천히 익힌 원두는

단맛이 더 난다는 게 일반적인 이론이다. 산미와 단맛, 고소한 맛, 바디감은 1차 크랙이 일어나고 타기 직전에 결정되는데, 영어로 디벨로핑developing 단계라고 부른다. 우리말로는 '성숙기'가 적당할 듯하다. 생두를 투입하는 순간부터 여러 과정을 거쳐 변하다가 1차 크랙 순간에 가장 크게 변하고, 이후에는 마시기에 적합한 맛으로 익어가는 과정이라 할 수 있다. 1차 크랙이 오고 타기 직전까지 성숙기 중 어느 시점에서 배출해 로스팅을 끝내는가(로스팅 포인트)가 커피의 맛에 매우 중요하다.

현재 사용하는 일반적인 로스터는 대부분 드럼식이다. 드럼은 재질과 상관없이 일단 열이 축적되면 열원을 제거해도 잔열이 있으며, 그 잔열은 의외로 높다. 원두 자체도 열을 흡수한 상태다. 드럼 내부의 잔열과 축적된 원두의 잔열로 드럼 내에 존재하는 원두는 타버릴 수 있다. 따라서 일정한 포인트에 이르면 원두를 재빨리 꺼내 식혀야 한다.

지금까지 모든 커피 로스터의 고민은 '어느 포인트에 원두를 배출할까'에 초점과 고민이 맞춰져 있다고 해도 과언이 아니다. 요약하면 로스팅의 관건은 다음과 같다.

1. 몇 ℃에 생두를 투입할까?
2. 몇 분 뒤에 터닝 포인트를 만들까?

3. 터닝 포인트가 지나고 얼마 동안 수분 날리기를 할까
   (수분 날리기를 하는 동안 댐퍼는 어떻게 작동할까)?
4. 몇 분 뒤에 1차 크랙이 오도록 불을 조절할까?
5. 1차 크랙 후 어느 시점에서 배출할까?

필자는 여기에 하나 더 추가한다.

6. 어떻게 후처리할까?

맛난 커피를 위한
좌충우돌 악전고투

성숙기에 발현되는 맛의 변화

로스팅 과정에서 1차 크랙 시작부터 타기 전까지 구간, 즉 성숙기를 거친 원두라야 우리가 마실 수 있는 커피가 된다. 1차 크랙 전에 원두는 잡맛과 풋내가 나서 마시기에 부적합하다. 요즘 1차 크랙이 오지 않은 가장 약하게 볶은 (초약 볶음) '노르딕 커피'가 유행이다. 노르웨이에서 시작해 노르딕 커피라고 한다는데, 이 커피에 대해 오해가 있는 것 같다.

노르딕 커피는 단순히 1차 크랙이 오기 전에 배출한 커피가 아니라, 1차 크랙 전까지 아주 약한 불로 천천히 온도를 높이며 크랙을 최대한 늦춰서 볶은 커피다. 이는 우리나라에 노르딕 커피가 소개되기 전부터 필자가 로스팅

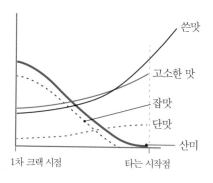

그림 6 성숙기에서 맛의 변화

이 그림은 종전 자료 그래프와 약간 다르다. 각 구간에서 맛을 봤을 때 실제 느낄 수 있는 맛의 상대적 기준에 따라 만든 그래프이기 때문이다. 잡맛은 산미에 섞여 있다가 산미와 더불어 점차 사라지고, 쓴맛은 고소한 맛과 동행하다 타기 시작하면 쓴맛으로 변하면서 다른 모든 맛을 삼겨버린다.

하던 방법이다. 이런 특수한 경우를 제외하면 1차 크랙이와서 물리적·화학적 변화가 충분히 일어난 뒤 타기 전까지 성숙기에 맛의 변화가 생긴다.

그림에서 보는 바와 같이 1차 크랙 시점에는 산미가 강하다. 이 산미는 열을 가함에 따라 점점 사라지고 대신 단맛이 나고, 점점 고소한 맛으로 변하다가 쌉쌀한 맛이 되고 결국 타버린다.

성숙기는 불 조절과 로스터의 종류에 따라 다르다. 일반적으로 생두 투입 후 12~15분에 1차 크랙이 올 만한 열량으로 볶는다면, 2분 30초~3분에 나타난다. 즉 1차 크랙이 시작되고 2분 30초~3분이 지나면 원두가 타기 시작한다는 말이다. 물론 그 전에도 일부 원두는 탈 수 있다.

많이 볶을수록 바디감이 더 난다고 알고 있는 커피 로스터가 의외로 많다. 그러나 강 볶음 원두라도 맛이 가볍고 풀어지는 커피가 있는가 하면, 진한데 마시는 순간 묵직하다가 딱 끊어지면서 바디감이 사라지는 커피도 있다. 필자는 이를 '뒤가 없다'고 표현한다. 필자 경험에 따르면 바디감은 생두가 익어가는 과정보다 원두가 식어가는 과정에 관계가 크다. 이 부분은 뒤에서 따로 다룰 것이다.

원두 색에 따른 볶음도 분류의 허구

원두의 색은 볶은 정도에 따라 점점 짙어진다. 이를 볶음도의 기준으로 분류하는데, 미국스페셜티협회Specialty Coffee Association of America, SCAA는 7단계(very light, light, moderately light, medium, moderately dark, dark, very dark)로, 일본은 8단계(light, cinnamon, medium, high, city, full city, French, Italian)로 분류한다.

그러나 필자는 원두의 색이 반드시 볶음도와 일치한다고 생각하지 않는다. 갈색의 진한 정도를 8단계로 나눌 때 원두의 색이 어디에 속하는지 모호하고, 어떤 생두를 사용하는가, 어떤 로스터를 사용하는가, 양은 얼마나 볶는가, 로스팅 시간이 긴가 혹은 짧은가, 어떻게 식히는가 등에 따라 색과 볶음도가 완전히 달라진다. 원두의 색을 보고 어느 정도로 볶았는지 짐작할 수 있으나, 원두를 씹어보기 전에 알 수 없다.

커피 로스터는 경험에 따라, 사용하는 로스터를 기준으로 변하는 원두 색을 보고 볶음도를 파악해야 한다. 많은 커피 로스터가 기준표에 맞춰 로스팅 포인트를 정하는데, 참 위험한 발상이다. 앞서 언급한 것처럼 커피 로스터는 경험을 바탕으로 오감을 모두 사용해야 한다.

커피 로스터의 딜레마

생두에는 좋은 맛과 좋지 않은 잡맛이 있다. 커피 로스터는 로스팅으로 좋은 맛이 나고, 잡맛은 없어지게 해서 맛있는 커피를 만든다. 즉 로스팅은 나쁜 맛을 없애고 좋은 맛을 살리는 데 그 목적이 있다.

문제는 산미가 나오며 단맛이 발현돼 맛있는 커피가 만들어지는 A 구간과 아리고 떫은맛이 함께 올라오는 구간이 겹친다는 것이다. 더구나 다양한 맛이 나는 구간에서는 반드시 잡맛이 같이 발현된다.

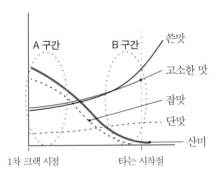

그림 7 볶음도에 따라 발현되는 맛

A 구간에서는 산미, 단맛, 고소한 맛과 더불어 풍미가 다양한 맛을 느낄 수 있다. 다만 잡맛도 발현되어 불쾌감이 들 수 있다. 반면 B 구간에서는 산미와 다양한 맛이 거의 사라지고 고소한 맛이 추가되며, 좀 더 진행하면 탄 맛이 나온다.

여기에 커피 로스터의 딜레마가 있다. 커피의 고유한 맛을 잘 살려 풍부하고 다양한 맛이 나는 커피를 만들려면 약 볶음이나 중 볶음을 해야 하는데, 이 원두로 커피를 만들었을 경우 아리고 떫은맛이 함께 나온다. 아리고 떫은맛은 뜨거울 때 잘 느끼지 못하지만, 커피가 식어가면서 강해지고 마신 뒤 농도가 옅어짐에 따라 목 뒤에서 자꾸 좋지 않은 맛으로 올라와 역한 커피가 되고 만다. 산미와 다양한 맛이 나는 커피가 외면당하는 가장 큰 원인이다.

그래서 대다수 커피 로스터는 이 잡맛이 사라지는 B 구간(중간 볶음~강 볶음 구간)에서 원두를 배출한다. 이렇게 산미는 거의 사라지고 고소하고 다크한 맛이 강조되는 커피가 만들어진다. 일반적인 소비자는 쓴 커피에 익숙하니 굳이 산미가 강한 커피를 만들 필요가 없고, 산미가 살아 있는 맛난 커피를 만들 수도 없다. 이것이 프로 커피 로스터의 고민이다. 결국에는 점점 강하게 볶으면서 소비자 입맛에 맞추고 안주하는 게 현실이다.

일반적으로 소비자가 선호하는 커피는 아주 쓰지 않고 고소하면서 미세하게 산미나 단맛이 난다. 그러나 그런 커피를 만나기도 쉬운 일이 아니다. 원두는 로스터에서 결코 일정하게 볶이지 않기 때문이다. 타기 직전까지 볶는다고 하지만, 이렇게 볶으려면 일부는 타버리고 만다. 탄 원두가 몇 알이라도 들어가면 탄 맛이 나서 쓴 커피가 된다. '타지 않은 강 볶음 원두'는 '산미가 풍부하면서 아리고 떫은맛이 없는 약 볶음 원두'만큼이나 어렵다.

필자도 산미가 강한 커피만 맛있는 커피라고 생각하지 않는다. 로스팅 포인트마다 나름의 맛이 있다. 잘 볶고 잘 내리면 모든 커피는 맛있다. 그래서 필자는 모든 커피를 좋아한다. 더 다양한 맛이 나는 맛있는 커피가 외면당하는 현실이 아쉽고, 다양한 맛 커피를 만드는 커피 로스터가 소신을 지키지 못하고 결국 대중의 입맛을 따라가는 모습이 안타까울 뿐이다.

TV를 비롯한 많은 정보 매체를 통해 '산미가 있는 커피가 건강에도 좋고 신선하다'고 사람들의 인식이 바뀌고 있다. 쓴 커피 일색이던 시장에서 '커피는 새콤한 것이다'라는 기치로 성공한 국내 굴지의 커피 브랜드도 나왔다. 그러나 현장에서 경험하는 바로는 아직 갈 길이 멀다.

정말 맛있는 커피를 마셔볼 기회가 별로 없다는 게 문제다. 외국을 포함해서 꽤 많은 커피집을 순례한 필자도 정말 맛있는, 아니 일정 수준을 갖춘 커피를 만나기 쉽지 않았다. 여기에서 일정 수준이란 잡맛이 나지 않는 커피다. 맛을 떠나 일단 잡맛이 올라오면 기분 나쁜 뒷맛이 남고, 커피를 마신 뒤 행복해질 수 없다. 어떤 커피든 잡맛이 올라오지 않아야 한다. 물론 강 볶음 원두로 내린 커피에서는 잡맛이 나지 않지만, 대신 탄 맛이 올라오는 경우가 많다. 이는 기본이 되지 않은 커피, 기본을 지키지 않은 커피라고 생각한다. 특히 약 볶음 원두로 내린 커피를 지향하는 커피집에서 기본이 제대로 된 커피(잡맛이 나지 않는 커피)는 만나기 어려웠다. 약 볶음 원두로 내린 커피가 외면당하는 게 당연한 일인지 모른다.

필자는 '식어도 맛있는 커피가 잘 만든 커피'라고 생각한다. 예전에는 바리스타들이 '산미가 있는 커피로 아이스커피를 만들지 말라'를 정설로 받아들였다. 산미가 있는 커피로 아이스커피를 만들면 각종 잡맛이 적나라하게 올라오기 때문이다.

그러나 잘 만든 커피라면 아무리 약 볶음 원두라도 아이스커피를 만들었을 때 맛있어야 한다. 오히려 뜨거울 때보다 다양한 맛이 올라와야 한다. 그러려면 약 볶음 해도 떫고 아린 맛을 없애야 한다.

약 볶음으로도 아리고 떫은맛을 잡을 수 있을까?

필자가 커피 로스터로서 지금껏 안고 살아온 주제가 '약 볶음 해도 아리고 떫은맛을 잡을 수 있을까?'다. 일단 커피는 다양한 맛이 나야 한다. 그러려면 약 볶음이나 중 볶음 해야 하는데, 이때 어쩔 수 없이 올라오는 아리고 떫은맛을 어떻게 잡을까? 커피를 볶기 시작하면서부터 가질 수밖에 없는 의문이다.

커피집 순례를 하면서 약 볶음을 표방하는 곳에서는 여지없이 잡맛이 올라왔다. 그런데 내가 먹으려고 수망으로 소량 볶을 때는 약 볶음 해도 잡맛이 거의 나지 않았다. 그 원인이 무엇일까 탐구했다. '커피집에서 마시는 커피는 잡맛이 올라오는데 내가 만든 커피는 잡맛이 거의 나지 않는 까닭이 뭘까?' 이 의문이 필자를 프로 커피 로스터의 길에 들어서게 했는지도 모른다.

잡맛을 잡기 위한 여정

처음에는 작은 수망에 커피를 볶았다. 기껏해야 200g쯤 됐을 것이다. 휴대용 가스버너에 불을 붙이고 손으로 흔드는 과정을 반복하다가, 크랙이 오면 불을 끄고 흔들어 식혔다. 수망 로스팅의 장점은 첫째, 볶이는 생두의 변화를 오감으로 느낄 수 있다. 수분이 날아가는 과정, 생두가 점차 익어가는 과정, 1차 크랙이 오고 성숙기에 들어서면서 변하는 색, 향기 등이 적나라하게 보인다. 그러니 커피를 볶으면서 나타나는 변화에 대해 정확한 지식을 체험으로 얻을 수 있다. 커피 로스터가 되기를 원한다면 반드시 일정 기간 수망으로 볶아보라 조언하고 싶다.

둘째, 불 조절이 쉽다. 수망 로스팅에서는 수망을 불에 얼마나 근접하느냐, 떨어뜨리느냐가 그대로 불 조절이 된다. 따라서 로스팅 과정에 얼마든지 자유롭게 불 조절이 가능하다.

셋째, 생두에서 빠져나온 수분이 그대로 공기 중에 날아간다. 즉 드럼이 없으니 드럼 내에 수증기나 연기가 차서 나타나는 문제를 피할 수 있다. 수망으로 볶았을 때 같은 볶음도에서 아리고 떫은맛이 덜 난 원인 중에 수분 날리기가 원활한 덕도 있을 것이다.

수분 날리기 과정에서는 수망을 들어 열을 강하게 받지 않도록 하면서 천천히 흔든다. 그러면 겉이 타지 않고 수분이 원활히 빠져나온다. 빠져나온 수분이 용기에 남지 않고 공기 중으로 날아가 볶이는 생두에 나쁜 영향도 미치지 않는다. 이렇게 수분이 잘 날아간 덕분에 아리고 떫은맛이 덜 난다는 걸 알았다. 이후 원두 수요가 점점 증가했다. 우리 커피 맛이 좋다는 소문이 나서 찾는 이가 많아지고, 자연히 커피를 볶는 양과 시간이 늘었다. 도무지 작은 수망으로 감당할 수 없었다.

커피 양이 늘어나니 열원이 부족하고, 일정한 무게 이상 들고 흔들 수 없다는 문제가 생겼다. 이 문제는 동생이 해결했다. 외사촌 동생 송군은 나와 커피의 길을 걸어온 동지로, 당시에도 커피에 대해 많은 의견을 나누고 자료를 찾아 공부하며 함께 고민했다. 동생은 많은 커피를 한꺼번에 볶기 위해서는 더 큰 수망과 더 많은 열원을 낼 가스버너가 필요하다고 했다. 큰 수망 두 개를 겹쳐 중형 볶음 망을 만들고, LPG 가스를 쓰는 야외용 이중 버너를 설치했다. 손으로 들고 많은 양을 한꺼번에 볶을 수 없으니, 처음에는 카메라 삼각대에 체인을 감아 공중에 매달았다. 지금 생각하면 참 우스꽝스러운 장면이다.

다 익고 나서 많은 원두가 함께 담겨 있으면 잔열에 타므로 빨리 식혀야 했다. 다 볶은 뒤에 블로어로 수망에 바람을 불어 넣어 식혔는데, 문제가 생겼다. 적은 양을 볶을 때 나지 않던 아리고 떫은맛이 올라왔다. 커피집에서 일반적인 방식으로 볶은 커피에 비하면 미미한 수준이지만, 아리고 떫은맛이 느껴졌다. 고민에 빠졌다. 도대체 왜 적은 양을 볶을 때 나지 않던 잡맛이 양을 늘리면 올라올까? 이 문제를 해결하기 위해 많은 고뇌의 시간을 보냈다.

비법은 뜸 들이기

숯불을 사용하면서 아리고 떫은맛은 가스를 사용할 때보다 훨씬 줄었다. 그 원인을 찾기 시작했다. 가스를 사용해도 처음에 적은 양을 볶았을 때는 별로 잡맛이 나지 않았지만, 양이 늘어남에 따라 잡맛이 더 섞였다. 수많은 실험을 거쳐 그 원인을 분석한 결과, 식히는 과정에 차이가 있다는 걸 알았다.

실로 놀라운 발견이다. 지금까지 커피 로스팅의 개념을 완전히 바꿀 만한 대전환이라 생각한다. 적은 양은 볶은 뒤 수망을 흔들어 식혔는데, 양이 많아지면서 흔들어 식히기 어려우니 원하는 포인트가 되면 불에서 수망을 떼고 블로어로 식혔다.

차이는 여기에 있었다. 열을 받던 커피콩이 일시에 찬 바람을 만나면 발현이 그 시점에서 멈춘다. 아리고 떫은맛이 발현되는 구간에서 로스팅을 멈추고 갑자기 찬 바람을 불어 넣으면 산미와 단맛 등 다양한 맛이 발현되지만, 아리고 떫은맛까지 나온다. 그러면 뜨거울 때는 느끼지 못해도 커피가 식어감에 따라 잡맛이 올라올 수밖에 없다. 약 볶음 커피의 가장 큰 문제가 나타나는 것이다.

드럼식 로스터를 사용하면 반드시 원하는 로스팅 포인트에 '배출'할 수밖에 없다. 아무리 열원을 제거해도 배출하지 않으면 드럼과 내부의 잔열로 숙성이 더 진행되고, 결국 원두가 타버리기 때문이다. 지금까지 로스팅 이론에서 초점은 투입 온도, 터닝 포인트, 1차 크랙까지 걸리는 시간, 배출 시점에 맞췄다. 그중에 로스팅의 관건은 어느 시점에 배출하느냐다. 일단 그 시점에 배출하면 다음은 커피 로스터의 일이 아니다. 로스터의 쿨러가 식혀주면 그것으로 끝이다.

필자가 발견한 중요한 사실은 로스팅이 끝나고 어떤 과정을 거쳐 식히느냐가 원두의 맛에 결정적인 영향을 미친다는 것이다. 약 볶음 원두일수록 더 그렇다. 필자는 이 과정을 '뜸 들이기'라 한다. 커피는 불로 볶아서 물로 내리는 음료다. 물로 내리는 과정에 뜸을 들이지만, 불로 볶는 과정에도 뜸 들이기가 필요하다. 밥 지을 때 가장 중요한 과정이 일단 곡물이 익은 다음에 수분과 곡물의 성분이 어우러지면서 나쁜 맛은 없어지고 부드럽고 편안한 식감이 되는 뜸 들이기다. 커피도 볶기 못지않게 볶은 뒤 맛과 성분이 어우러지는 뜸 들이기가 중요하다.

지금까지 커피 로스터들이 '원두를 어느 시점에 배출할까'에 초점을 맞춰 로스팅을 시도하고 연구했다면, 필자는 배출 시점은 기본이고 배출 전후에 어떻게 식히느냐(즉 어떻게 뜸을 들이느냐)에 초점을 맞춰 연구했다. 일반적인 방법으로 도저히 해결할 수 없는 잡맛의 제거는 뜸 들이기로 가능하다. 아무리 약 볶음 원두라도 뜸 들이기를 거치면 잡맛이 사라진다. 약간 남은 잡맛은 자연 숙성으로 해결할 수 있다. 시간이 지나면 자연히 뜸이 들고 숙성돼 남은 잡맛이 사라지기 때문이다.

약하게 볶아도 바디감은 풍성하게

뜸 들이기는 바디감에도 영향을 미친다. 일반적인 방법으로 볶은 원두는 볶음도가 강할수록 바디감이 나온다고 알려졌으나, 실제로 그렇지 않다. 풍부한 바디감은 뜸 들이기와 밀접한 관련이 있다고 생각한다.

"산미가 풍부한 커피인데 어쩌면 이렇게 바디감이 풍부하죠?"

산미와 바디감이 공존하는 데 어리둥절한 분들이 하는 질문이다. 실제로 필자가 볶은 원두는 거의 모든 구간에서 바디감이 거의 비슷하다. 비결은 뜸 들이기다. 뜸 들이기를 발견한 가장 큰 계기는 역시 수망 사용이다.

드럼식 로스터는 열원을 제거해도 잔열로 로스팅이 계속 진행되는데, 수망은 남아 있는 열원이 거의 없다. 수망은 공기가 잘 통해서 생두가 타지 않도록 계속 흔들면 열이 서서히 떨어지면서 생두 자체의 잔열로 숙성이 진행된다. 이때 산미와 단맛의 발현은 거의 멈추고, 남아 있던 아리고 떫은맛도 사라진다. 그러다가 일정한 온도에 이르면 블로어로 원두를 식힌다.

이때도 완전히 식히는 게 아니라 일정한 온도까지 떨어뜨리고, 그다음부터 잔열로 천천히 자연스럽게 뜸이 들도록 한다. 수망을 흔드는 속도와 어느 정도 시간이 지나 몇 ℃까지 떨어뜨리느냐에 따라 맛이 결정된다. 이 부분이 가장 중요한 노하우다. 이 과정에서 산미와 단맛이 자연스럽게 발현되고, 아리고 떫은맛은 제거된다. 바디감까지 덤으로 얻을 수 있으니 이 얼마나 좋은 방법인가!

산미는 두툼한 바디감 밑에서 자연스럽게 올라와야 하

고, 마신 다음에 목 뒤에서 단맛이 올라오며 여운이 지속돼야 한다. 밸런스가 좋은 커피란 이런 의미가 아닐까? 산미 있는 커피를 별로 즐기지 않는다는 손님도 뜸이 잘 들어 바디감 밑에서 올라오면 말이 달라진다.

"이상하게 이 커피는 산미가 있는데 나쁘지 않네요. 맛있어요!"

맛있는 커피는 사랑받을 수 있다고 믿는다.

로스터를 개발하고 특허를 얻다

수망으로 참 많은 커피를 볶았다. 숯불 앞에서 수망으로 커피를 볶는다는 게 보통 일이 아니다. 아무리 수망을 매달아 흔들어도 볶는 양에 한계가 있고 힘이 든다. 원두 수요가 늘어남에 따라 대량으로 볶을 방법을 찾아야 했다.

일단 수분 날리기와 볶는 과정까지 잘 흔들어주면 된다. 수망의 높이와 블로어로 불어 넣는 공기의 양을 적절히 조절한다. 그래서 1차 크랙 전까지 손으로 흔드는 것과 같은 동작을 하는 기계장치를 만들 생각을 했다.

공구 상가에 가서 인버터 모터와 속도 조절기를 샀다. 벨트 휠 끝에 구멍을 뚫고 베어링을 달았다. 회전운동이 전후 운동으로 변환하도록 키를 깎아 크랭크축을 만들고, 이를 수망 손잡이와 고정했다. 이 장치를 내장할 케이스를 만들고, 그 안에 부품을 조립해 넣었다. 간단한 원리를 이용한 기계인데, 다 만들고 나니 좀 엉성해 보이긴 해도 작동이 잘됐다.

기계와 수망 손잡이는 탈착이 쉽게 만들었다. 1차 크랙 이후 수망을 빨리 분리해 손으로 조절하며 볶아야 하기 때문이다. 완전히 손으로 볶던 때보다 일이 1/5로 줄었다. 수망에 생두를 넣고 기계에 부착해 걸면 기계가 회전하면서 1차 크랙까지 잘 볶았다. 물론 맛을 내는 1차 크랙 이후 성숙기에는 오감을 이용해 손으로 볶아야 했지만….

이 엉성한 기계는 지역의 명물이 돼서, 모두가 신기해하고 재미있어했다. 물량이 늘어나자 이 과정을 처음부터 끝까지 기계로 할 수 있다면 참 편하겠다는 생각이 들었다. 계속되는 실험과 연구 끝에 생두를 투입하고 스위치를 넣으면, 나중에 1차 크랙이 오고 성숙기에 일정한 포인트에서 열원을 제거하고 흔들어 뜸을 들이다가 식히는 과정까지 가능한 로스터를 만들었다. 전후 요동 방식을 이용한 숯불·가스 겸용 커피 로스터다.

숯이 떨어졌을 때는 가스로도 볶을 수 있고, 전후 요동 방식으로 만든 것은 교반 과정의 특수성 때문이다. 대다수 원통형 드럼식 로스터에서 교반은 커피콩이 달궈진 드럼 표면에 오래 머물지 않게 하는 역할을 한다. 전후 요동 방식은 중화요리를 할 때 손목 스냅으로 웍을 흔드는 것을 생각하면 쉽다. 사람이 앞뒤로 흔들면 그냥 흔드는 게 아니라 전진했다가 뒤로 방향을 바꿀 때, 순간적으로 토크가 걸리면서 잡아챈다. 이때 원두가 치솟았다가 떨어지는데, 미세하나마 원두의 온도가 상승과 하강을 거듭하면서 전체적으로 온도가 점차 올라간다. 이 과정을 거치며 생두가 골고루 볶인다.

불 조절을 위해 원두를 들고 내리는 일, 열원을 넣고 제거하는 일, 회전속도를 조절하는 일은 수동이니, 커피 로스터의 생각과 계획에 따라 미세하게 조정이 가능한 수동식 로스터다. 이 기계로 더 많은 생두를 볶을 수 있었다. 이런 점을 인정받아 '전후 요동 방식을 이용한 숯불·가스 겸용 로스터'라는 이름으로 특허를 얻었다.

그다음 필자의 고민은 '어떻게 하면 더 많은 이에게 맛있는 커피를 제공할 수 있을까'였다. 물론 숯불로 볶는 것이 가장 맛있는 커피를 만드는 방법이라 생각한다. 열원으로서 숯불의 장점이 있기 때문이다. 그러나 더 많은 양을 숯불로 볶기에는 한계가 있고, 일반적인 카페에 공급하기에는 단가 측면에서 어려움이 있다. 아직은 커피집을 운영하는 이들이 원두 단가에 민감하다.

숯불로 볶는 것보다 조금 맛이 부족해도 일반적인 방법

으로 대량생산 하고도 종전의 문제점을 해결할 수 있다면, 좀 더 맛있는 커피를 생산·제공하는 것이 가능하지 않을까 생각했다. '일반 로스터로 로스팅을 하고 내 방식대로 뜸 들이기 과정을 거치면 어떨까?' 궁금증이 일었다.

운 좋게도 이런저런 인맥을 동원해 다양한 기계를 사용해볼 기회가 있었다. 여러 기계를 사용해 볶고 배출한 뒤 내 방법으로 뜸을 들이며 냉각했다. 그리고 많은 이에게 시음을 부탁하고 평가를 받았다. 물론 숯불로 볶은 커피보다 못하지만, 확실히 일반적인 커피와는 달랐다. 약 볶음 커피에서도 아리고 떫은맛이 사라지고, 바디감이 깊으면서 전체적으로 맛이 풍성하고 탄탄한 느낌이란다.

대량으로 볶은 뒤 내 방식으로 뜸 들이는 기계를 만들면 더 많은 이에게 싼값으로 공급할 수 있지 않을까 생각했다. 원하는 로스팅 포인트에서 볶인 원두를 배출해 흔들기 방식으로 일정한 시간을 들여 온도를 떨어뜨린 다음, 원하는 온도가 됐을 때 공기를 주입해 원두를 식히는 장치를 만들었다. 이 또한 '뜸 들임을 이용한 원두 냉각장치'라는 이름으로 특허를 받았다. 일반적인 로스터로 로스팅을 해도 뜸 들임이라는 후처리 과정을 거치면 훨씬 맛있는 커피를 만들 수 있게 됐다.

장인이 만든 명품 '이멕스 카페로스터'를 만나다

참 많은 로스터를 접하고 경험했다. 역시 저마다 특징과 장점이 있다. 제품이 만들어지고 세상에 나오기까지 개발한 이의 엄청난 노고가 고스란히 담겨 있다. 그러니 세상의 모든 제품은 훌륭하고, 그것을 만든 이의 땀방울은 고귀하다. 로스터는 종전 로스터의 문제점이나 약점을 보완하기 위한 노력의 산물이고, 나름의 특징과 장점이 있기에 시장에서 살아남은 것이다.

진공관 앰프 때문에 벗이 된 분이 있는데, 그분도 직접 만든 작은 로스터로 커피를 볶아 드신다고 했다. 커피와 음악에 대해 많은 공감과 이야기를 나누는 사이가 됐다. 어느 날 그분이 "친구에게서 용량이 1kg인 전기 로스터를 하나 구했다. 오랫동안 사용하지 않던 것이라 본사에 보내 여러 가지 부속을 바꾸고 새것처럼 만들었는데, 너무 커서 사용할 일이 별로 없다"고 하셨다.

"마침 작은 로스터가 하나 필요한데, 웬만하면 저한테 양보하시죠?"

그분이 사는 남양주에 가서 로스터를 싣고 왔다. 연구소에 설치하고 시험 가동하자니 겁이 났다. 연구소가 10층짜리 상가 건물에 있는데, 연기가 나서 스프링클러라도 작동하면 낭패이기 때문이다. 할 수 없이 매형 과수원 창고에 가져가 설치하고 시험 가동했다. 설치고 뭐고 220V 가정용 콘센트에 플러그만 꽂으면 돌아간다.

일단 예열하고 적당한 온도에 투입한 뒤 수동 모드로 볶아봤다. 어라? 연기가 별로 나지 않는다. 170℃에 도달하니 1차 크랙이 터지기 시작했다. 배출구 쪽에 난 작은 유리창을 통해 원두가 볶이는 과정을 보다가 감각적으로 좋은 포인트라고 생각될 때 스톱 버튼을 눌러 배출했다. 역시 내 방법으로 뜸 들이기를 거쳐 식혔다. 콜롬비아, 아바야 게이샤, 과테말라 안티구아를 볶았는데 빨리 맛보고 싶어 못 참을 지경이었다. 서둘러 연구소로 가져와 핸드 밀로 갈아서 마셨다.

기대 이상의 맛이 났다. 지금껏 여타 로스터로 볶았을 때보다 훨씬 맛있었다. 여타 로스터는 숯불로 볶은 커피의 80% 정도 맛을 낸다고 평가해왔는데, 이 로스터는 90% 이상 비슷한 맛을 내는 느낌이었다.

드럼식 로스터에서 이 정도 맛이 난다니 참 대단하다는 생각이 들었다. 여러 자료를 찾아봤다. 현 이맥스테크 송영아 대표의 아버지가 오래 연구하고 보완을 거듭한 제품이며, 어떤 시스템으로 커피가 볶이고 어떤 생각으로 로스터를 만들었는지 알게 됐다.

이멕스 카페로스터의 가장 큰 장점은 사용하는 열원에

있다. 여타 로스터는 드럼 밖에 열원이 있는데, 이멕스 카페로스터는 드럼에 내장한 할로겐램프가 생두에 곧바로 열을 공급하는 방식이다. 즉 할로겐램프의 열 파장이 아무런 매개를 거치지 않고 복사 방식으로 생두에 열을 전달한다. 숯불로 볶은 원두와 비슷한 맛을 낸 까닭이 여기에 있다.

직화식 로스터에 가깝다. 물론 직화식 로스팅이 무조건 좋다는 말은 아니다. 모두 장단점이 있을 것이다. 그러나 필자의 경험에 따르면, 순수 직화식 로스팅이 더 깊고 담백하며 깔끔한 맛을 내는 느낌이다.

또 다른 장점은 드럼에 구멍이 있어 내부 공기가 쉽게 배출되고, 드럼의 온도 조절이 쉽다. 이는 수망 로스팅의 장점과 통한다. 드럼식 로스터가 온도가 잘 떨어지지 않는 게 장점일 수 있지만, 단점이기도 하다. 뜸 들이기를 기반으로 하는 필자의 로스팅 방식에서는 드럼의 잔열로 내부 온도가 계속 상승하는 것보다 드럼에 구멍이 있어 내부 온도를 조절하기 쉬운 점이 큰 매력이다.

이멕스 카페로스터는 로스팅 도중에 물을 분사한다. 어떻게 이런 발상을 했을까? 어쩌면 이것이 필자의 뜸 들이기와 관련이 있을 것 같다. 시점과 물의 양을 설정하면 드럼 내부에 물을 뿌린다. 물을 뿌리면 순간적으로 드럼 내부 온도가 내려가고, 이를 이용해 생두가 더 깊이 볶이는 시간을 확보하는 것이다.

우수한 제연 장치가 달린 것도 장점이다. 5kg급 후지로얄 같은 일반형 로스터를 설치하려면 넓은 공간과 많은 장비가 필요하다. 로스터가 크고 제연 장치를 설치해야 하며, 연기는 환기 설비를 통해 건물 밖으로 배출돼야 한다. 그러나 이멕스테크 제품은 간단하다. 1kg짜리는 말할 것도 없고, 5kg짜리도 폭 60cm에 길이 130cm, 높이 150cm다. 바퀴가 달려 옮기기도 쉽다.

필자가 현재 사용하는 카페 로스팅실이 3평이 안 되는데, 1kg짜리 Pro1과 5kg짜리를 사용한다. 특히 5kg짜리는 기계 하부에 완벽에 가까운 제연 장치가 있어, 로스팅하는 중이나 배출할 때도 연기가 거의 나지 않는다. 정말 놀라운 일이다. 과연 이 공간에 후지로얄 5kg 로스터를 설치할 수 있을까? 필자는 카페를 만들 때 연기를 줄이기 위해 후드와 고용량 배출 모터를 갖춘 덕트를 설치했다. 그러나 필자가 이멕스테크 본사로 송 대표를 만나러 갔을 때, 공업용 환풍기 하나 달린 사무실에서 5kg짜리 로스터를 사용하고 있었다. 우리나라에도 이렇게 훌륭한 선배가 있어 커피 산업이 발전한 것이다.

5

맛있는 커피를 추출하기 위한 노력

제즈베 커피는
추억을 되살리고

　음악과 커피로 마음을 나누는 사이가 된 충청대학교 박용수 교수님이 이스탄불에서 제즈베와 튀르키예 커피 한 봉지를 선물로 사 오셨다. 커피 추출 실험하느라 제즈베로 열심히 커피를 달이던 때가 생각났다.

　동서양의 문화가 교차하는 곳, 과거와 현재가 공존하는 곳, 역사의 소용돌이 한가운데서 가교 역할을 하며 독특한 문화를 만든 곳. 이스탄불만큼 매력 있는 도시가 있을까? 에티오피아에서 시작된 커피가 예멘을 거쳐, 튀르키예에 이르러 음료로 정착했다. 이 커피가 유럽으로 넘어가면서 오늘날 커피 문화를 꽃피웠다.

　좋은 생두를 구해서 잘 볶았다면 다음은 맛있게 추출하는 일이 남아 있다. 정확한 방법을 배우고 경험이 쌓이면

집에서도 적은 양을 볶아 커피를 내리는 일이 그리 어렵지 않다. 그러나 생두를 직접 볶는다는 게 여간 번거로운 일이 아니고, 그만큼 노력이 필요하기에 망설이게 된다. 그래도 커피 애호가라면 한 번쯤 잘 볶아 맛있게 커피를 내려보고 싶다. 비싼 장비가 아니라도 얼마든지 맛있는 커피를 만들 수 있다. 볶는 일은 스스로 할 수 없어도 좋은 원두로 맛있는 커피를 추출하는 일은 도전해볼 만하다.

처음에 커피를 어떻게 만들어 마시기 시작했을까? 아프리카에서는 커피가 음식에 가까웠을 것이므로 오늘날과 같이 차로 마시지는 않은 듯하다. 그러다 커피가 음료로 정착했을 때, 가장 손쉬운 방법은 볶지 않은 생두를 끓여서 마셨을 것이다. 생두를 그냥 끓여서 마시는 것은 여전히 음식이나 약의 의미가 강했을 테니, 맛에는 그리 신경 쓰지 않았을 것이다.

그러다가 13세기에 커피가 아프리카에서 아라비아반도로 전해지고, 14~15세기 예멘의 수피파 순례자들이 에티오피아를 방문할 때면 잠이 잘 오지 않고 정신을 맑게 하는 이 마법의 음료 재료를 가져갔다고 한다. 예배하고 밤 늦도록 경전을 읽는 일에 지친 이맘에게는 신선하면서도 필요한 약재였을 것이다. 그러다 이들은 생두를 그냥 삶기보다 볶으면 추출도 잘되고 맛이 훨씬 좋다는 것을 알게 됐다. 찻잎의 풋내를 없애고 고소한 풍미를 높이는 중국인의 제다 방식이 차마고도를 통해 서역으로 전해졌고, 여기에서 힌트를 얻어 커피도 볶기 시작했다는 설이 있다.

초기에는 커피를 볶아서 냄비 같은 용기에 넣고 끓였을 것으로 추측한다. 튀르키예인은 이보다 쉽게 추출하기 위해서 볶은 커피를 갈아 제즈베에 넣고 물을 붓고 불에 올려 커피가 끓어오르면 내렸다가 다시 올리기를 반복했다.

필자도 가끔 이 방법으로 커피를 추출한다. 찐득찐득한 느낌이 들 정도로 진한 커피가 만들어지는데, 카페인 성분도 진하게 우러난다. 입속에 아주 적은 양을 넣고 침으로 서서히 풀어 마시면 나름대로 깊은 풍미가 난다.

튀르키예인은 이렇게 진한 커피에 설탕을 넣어 마신다. 처음부터 설탕을 넣고 끓이기도 하고, 나중에 설탕을 넣기도 한다. 처음부터 설탕을 넣고 끓이면 당분이 열을 받아 걸쭉해지고, 당에서 나오는 캐러멜 성분이 커피와 섞이며 독특한 맛을 낸다.

이때 주의할 점은 분쇄도다. 제즈베로 만든 커피는 거르는 과정을 거치지 않기 때문에 커피 알갱이를 그대로 마시게 된다. 커피 알갱이가 너무 크면 이물감이 들고 맛도 떨어진다. 제즈베 커피는 에스프레소용보다 곱게 갈아야 한다.

제즈베 커피 맛은 거품이 일어날 때 불에서 꺼내는 타이밍이 좌우한다. 어쩌면 핸드 드립을 할 때 물줄기와 속도를 조절해 다양한 맛을 내는 것과 흡사하다. 이는 말로 설명하기 어렵고, 많은 경험을 통해 얻을 수밖에 없다. 세계 대회를 비롯해 각종 대회가 열리는 것도 제즈베 커피가 추출 방법에 따라 다양한 맛을 내기 때문이다.

박 교수님께 선물 받은 제즈베로 오랜만에 커피를 달였다. 먼저 새 제즈베에 물을 붓고 몇 번 끓였다. 커피를 비롯한 차는 용기의 냄새에 민감하므로 잘 소독해서 냄새를 제거해야 한다. 튀르키예에서 온 커피는 갈아놓은 지 좀 돼서 향이 많이 빠졌지만, 그래도 나름 잘 볶았다. 8g 정도 덜어 제즈베에 담고 물을 부은 뒤 설탕을 두 스푼 넣었다. 끈적한 풍미를 즐기려면 설탕을 미리 넣는 게 좋다.

불에 올리고 커피가 뭉치지 않게 저었다. 램프에 불을 켜고 제즈베를 올리니 잠시 후 보글보글 끓기 시작하다가 이내 훅 넘치려 한다. 재빨리 불에서 내렸다. 신기하게 거품이 사그라진다. 다시 불에 올리니 훅 올라온다. 재빨리 불에서 내렸다. 너무 여러 번 하면 타고 설탕이 캐러멜 맛을 넘어 점점 써질 수도 있어서, 세 번 정도 불에 올렸다 내렸다 했다.

전에 튀르키예에서 가져온 커피잔을 꺼내 밖의 벤치로 나왔다. 눈을 감고 커피 한 모금을 넘긴다. 이스탄불의 향취가 밀려온다. 가슴 깊이 이스탄불의 향기가 스며드는 느낌이다. 마치 이스탄불의 야외 카페에 앉은 듯 착각에 빠져들었다. 커피 한 잔으로 오래전의 기억과 추억을 떠올릴 수 있으니 얼마나 행복한 일인가! 커피는 단순한 음료가 아니다. 커피는 추억을 되살리는 마약이다.

커피 머신의 원조,
사이펀 커피

사이펀 커피에 평생을 바친 장인

일본 각지로 유명한 커피집을 찾아다닌 적이 있다. 일본은 커피 선진국이니 맛있는 커피가 나를 기다려주리라는 기대를 안고 떠난 여행이었다. 예전에도 꽤 여러 집을 돌아다녔지만, '그동안 일본 커피는 어떻게 변했을까' '어떤 커피를 만날 수 있을까' 하는 기대와 설렘으로 가득했다.

도쿄와 오사카, 교토 등지의 커피집을 돌고, 마지막으로 후쿠오카에 들렀다. 후쿠오카는 내게 무척 편안한 도시다. 나는 후쿠오카라는 이름보다 그들이 아직 고수하는 옛이름 하카타를 사랑한다. 커피집 몇 군데를 돌아보고 하루 일정을 비웠다. 바쁘게 달려온 길이기에 하루쯤 유후인에 가서 느긋한 시간을 보내고 싶었다.

이곳에 갈 때마다 묵는 민박에 전화를 걸었다. 고등학교 교사를 하다가 은퇴하고 고향에서 부모님이 하시던 민박을 물려받아 운영하는 사이토 씨는 참 좋은 사람이다. 밤 늦도록 함께 차를 마시며 많은 이야기를 나누고 의기투합한 벗이기에, 예약이 필수인 일본임에도 갑작스레 전화를 넣었다.

"갑자기 후쿠오카에 오게 됐는데 가면 재워주실 수 있을까요?"

"오, 이 상! 오랜만이에요. 오세요, 이 상이 온다면 내 방이라도 비워야죠."

후쿠오카에서 유후인까지 버스로 두 시간, 히타역에서 JR로 한 시간 남짓 걸린다. JR패스 기간이 남았으니 히타역에서 유후인행 JR를 타기로 했다. 유후인에 도착하니 벌써 공기가 다르다.

전날 내린 비로 먼지가 씻기고, 청명한 하늘과 서늘한 바람이 반긴다. 역에서 민박까지 걸어가 사이토 씨와 인사를 나누고 짐을 풀었다. 전날까지 예약이 꽉 찼고, 다음 날부터 계속 만실인데 오늘만 한가하단다. 사이토 씨가 "유후인의 신이 이 상이 올 줄 아셨나 보다"며 너스레를 떤다. 저녁 시간이 조금 일러 산책이나 하고 온다며 민박을 나섰다.

유후인에 가면 긴린코호수에서 많은 시간을 보내고, 호수가 보이는 집에서 유후인 소바 한 그릇 먹는 것으로 나름의 호사를 누리곤 한다. 유후인의 이런 한가로움이 좋다. 인사동 거리가 떠오르는 유후인의 상점가는 늘 북적여 잘 가지 않는다. 이날도 호숫가에서 하는 일 없이 빈둥거리며 저녁 햇살을 즐겼다.

문득 민박 사모님이 망고를 좋아하시는 게 떠올라, 저녁에는 망고 소스 파스타를 만들어야겠다는 생각을 했다. 그러려면 유후인 상가 맨 끝에 있는 마트에 가야 한다. 그곳에서 파는 신선한 초밥도 생각났다. 사이토 씨에게 망고 소스 파스타를 해드릴 테니 기다리시라고 전화했다.

망고와 플레인 요거트, 생선회를 사서 두리번거리며 돌아가는 길, 나무로 된 작은 간판 하나가 눈에 들어왔다. 낙타 마크에 새겨진 since 1970! '이 길을 여러 번 지나다녔는데 왜 못 봤지?' 하며 골목 안쪽으로 들어가니 'CARAVAN COFFEE'라는 대형 간판이 있다. 정원은 일본식이라기보다 유럽식이다.

문을 열고 들어서자 바에 나란히 진열된 사이펀이 눈에 띈다. 나중에 알고 보니 사이펀 추출을 전문으로 하는 유명한 커피집이란다. 고급스러운 커피잔이나 앤티크 소품이 품위 있는 분위기를 자아낸다. 무엇보다 흰 머리에 흰

수염, 깔끔한 나비넥타이를 한, 팔십 줄에 들어선 듯 보이는 주인의 풍모가 압권이었다.

'코노미치 ○○넨'이라는 일본말이 있다. '이 길로 ○○년'이라는 뜻이다. 직업을 선택하면 꾸준히 그 길을 가는 일본인의 직업 정신을 보여주는 말이다. 1970년에 시작했다면 이 길로 50년이 넘는다.

에스프레소, 아메리카노, 라테 등 메뉴가 다양하다. 과테말라 커피를 골라 사이펀 추출로 주문했다. 나는 사이펀 추출을 그리 선호하지 않는다. 너무 높은 온도에서 내리는 커피의 좀 탁한 맛이 싫기 때문이다. 탁한 정도로는 제즈베 커피가 제일이고, 다음이 사이펀일 것이다. 제즈베 커피가 유럽으로 넘어가면서 진한 맛을 완화하고 빨리 추출하기 위해 고안한 방법이 사이펀 추출이다. 화학 실험 도구가 떠오르는 사이펀(실제로 실험실에서 증류를 위해 사용하는 도구다)은 추출 과정이 신기해서 눈요깃거리로 좋지만, 핸드 드립 커피의 맑고 깔끔한 맛에는 미치지 못한다. 그래도 이 집이 사이펀으로 유명하다니 마셔보고 싶었다.

노신사는 말없이 통에서 원두를 꺼내 수십 년도 넘은 칼리타 그라인더로 요란한 소리를 내며 갈았다. 플라스크에 물을 담고 작은 램프에 불을 붙여 올린 뒤, 로드에 갈아둔 원두 가루를 담아 플라스크에 비스듬히 꽂았다.

　사이펀 추출할 때, 물을 먼저 끓이고 물이 완전히 올라온 다음에 원두 가루를 넣기도 한다. 나는 원두 가루를 넣고 나중에 끓는 물이 올라오는 방식을 선호한다. 무슨 차이가 있느냐고 물을 수 있는데, 원두 가루를 먼저 넣는 방식이 물이 올라오면서 원두 가루를 적셔 훨씬 잘 풀어지는 느낌이다.

　봉지 커피를 마실 때, 컵에 커피를 넣고 물을 붓는 것과 물을 붓고 커피를 넣는 차이가 아닐까 생각한다. 이 또한 무슨 차이가 있느냐 묻는다면 과학적 근거는 대기 어려우나, 커피를 넣고 뜨거운 물을 부어야 맛있게 느껴진다. 물을 붓고 커피를 넣으면 왠지 물과 커피가 따로 노는 느낌을 지울 수 없다. 기분의 문제인지 몰라도 미세한 차이에 따라 커피 맛이 좌우되다 보니 이런 생각도 한다.

이분은 원두 가루를 먼저 넣었다. 물이 보글보글 끓다가 이내 사이펀 위로 올라왔다. 노신사가 스푼으로 원두 가루를 저어 잘 풀었다. 사이펀 추출의 핵심은 타이밍에 맞춰 젓는 것이라 한다. 잠시 후 불을 빼자 초콜릿색 커피가 플라스크로 내려간다. 노신사는 꽃무늬가 있는 청화백자 풍의 잔을 데우고 플라스크에 든 커피를 조심스럽게 따랐다. 동작 하나하나가 수십 년간 다도를 해서 몸에 익은 달인처럼 자연스러우면서도 품위 있었다.

커피잔을 들어 향을 맡았다. 높은 온도에서 우려낸 커피의 진한 향이 밀려온다. 커피 향기에 많은 향이 포함돼 어우러진 깊고 그윽한 향이다. 한 모금 머금어본다. 역시 짙은 맛이 올라온다. 한 모금을 입속에 풀어봤다. 짙은 향이 점점 옅어지며 다양한 맛이 쏟아져 나온다. 사이펀 추출로는 처음 느껴보는 다양한 맛이다. 커피를 마시며 이런저런 생각을 하다가 결국 두 잔을 더 마시고 일어섰다.

민박에 돌아오니 망고 소스 파스타를 해준다더니 어디서 뭘 하다 늦었냐고 사이토 씨가 핀잔을 준다. 팔을 걷어붙이고 주방에 들어가 솜씨를 뽐냈다. 부부는 파스타를 게 눈 감추듯 먹어 치우더니 커피를 내려달라고 호들갑을 떤다. 평소 커피를 즐기는 이들이라 가지고 있던 케냐 커피를 꺼내, 서버에 드리퍼를 올리고 필터를 얹고 물을 부었다. 금세 고소하고 향긋한 커피 향이 집 안에 퍼졌다. 커피를 한 모금 마시고 사이토 씨 부인이 말한다.

"이상하지, 똑같은 커피인데도 이 상이 내리면 이렇게 맛이 다를까."

"프로잖아요, 프로! 크크."

저녁에 들른 사이펀 커피집 이야기를 하니 주인과 잘 아는 사이란다. 우리는 은은하고 고소한 커피 향과 더불어 밤늦도록 이야기꽃을 피웠다.

사이펀, 커피 머신의 원조

사람들은 커피를 추출하기 위해 다양한 방법을 고안했다. 제즈베 커피가 유럽으로 가면서 더 맑고 깔끔하며 신속하게 커피를 내리는 방법으로 핸드 드립이 개발됐다. 진하고 깊은 맛을 즐기던 유럽인에게 핸드 드립 커피는 너무 연하고 싱거웠는지 모르겠다. 당시 카페에서도 핸드 드립 커피를 팔았으나, 역시 주류는 진한 커피였을 것이다. 진하고 깊은 커피를 신속하게 추출하기 위한 노력이 있었다. 커피가 주로 카페에서 소비됐으니, 빠르게 추출하는 것은 매출과 이어지는 문제였다.

커피를 빠르게 추출하는 가장 쉬운 방법은 증기압을 이용하는 것이었다. 1840년대에 물을 끓여 압력을 높이고 그 압력이 진공상태로 만들어 물과 증기가 커피를 추출하는 사이펀 방식이 고안됐다. 참 과학적인 방법이다. 이후의 커피 추출 머신은 이런 사이펀의 원리에 바탕을 둔 것이다. 두 용기를 붙이고 한쪽 용기에 물을 넣고 가열하면 물이 끓으면서 자연스레 진공상태가 되고, 압력이 낮은 다른 용기로 물이 옮겨 간다. 열원을 제거해 온도가 낮아지면 물이 원래 용기로 되돌아간다. 이때 반대편 용기에 원두 가루를 넣고 두 용기 사이에 필터를 끼우면 물이 원래 용기로 되돌아갈 때 커피를 거르는 원리다. 현재 우리가 사용하는 에스프레소 머신에도 사이펀의 원리가 담겨 있다.

모카 포트와
에스프레소 머신

모카 포트

사이펀의 원리를 이용해 더 간편하게 만든 모카 포트는 물을 끓이는 보일러, 추출된 커피를 저장하는 상부 컨테이너, 그 사이에 원두 가루를 담는 바스켓으로 구성된다. 보일러에서 물이 끓으면 수증기와 물이 압력 차에 따라 상부 컨테이너로 이동하는데, 이때 사이펀과 달리 바스켓에 원두 가루를 넣어 물이 올라오면서 커피가 추출된다.

사이펀은 바스켓과 컨테이너 사이에 속이 빈 깔때기 모양 기둥이 있어 열원을 제거하면 다시 플라스크로 내려가지만, 모카 포트에 올라온 커피는 컨테이너에 고여서 내려가지 못한다. 이렇게 고인 커피를 잔에 따르면 된다. 보이는 멋은 덜하지만, 원두 가루를 젓고 열원을 제거하고 플

라스크에 커피가 모인 다음 사이펀을 분리하고 커피잔에 따르는 번거로움이 없다. 그러면서도 맛은 사이펀으로 내린 커피 못지않으니 참 편리한 방법이라는 생각이 든다.

모카 포트는 아무래도 물이 끓는점까지 올라가고 어느 정도 압력에 의해 추출하기 때문에 핸드 드립으로 내린 커피의 맑고 깨끗한 맛과 다르다. 진하면서 쌉싸름한 모카 포트의 매력이 있다. 모카 포트로 추출할 때도 중 볶음 원두를 사용하고 원두 양과 분쇄도를 조절하면 다양한 맛을 즐길 수 있다.

에스프레소 머신

사이펀의 원리 덕분에 증기를 이용하면 커피를 빨리 추출할 수 있다는 사실을 알았고, 더 빨리 추출하기 위해서는 압력을 가하면 된다는 사실도 발견했다. 이런 노력을 거쳐 이탈리아 북부 지역을 중심으로 에스프레소 머신이 등장했다.

1901년 밀라노에서 베제라Bezzera 커피 머신을 처음으로 만들었다. 이어 데시데리오 파보니Desiderio Pavoni가 라 파보니La Pavoni 커피 머신을 만들어 카페에 보급했다. 이런 기계는 높은 압력을 얻을 수 없었기에, 더 높은 압력을 얻으려는 시도가 계속됐다.

그 결과 아킬레 가지아Achille Gaggia가 피스톤식 커피 머신을 발명했다. 피스톤을 올리면 그 사이로 뜨거운 물이 유입되고, 피스톤을 내리면 높은 압력으로 뜨거운 물과 증기를 한꺼번에 눌러 커피를 추출하는 방식이다. 그러나 물은 압력에 따라 끓는점이 다르다. 압력을 높이면 물이 100℃ 이상에서 끓어 커피 추출 온도가 매우 높아지는데, 쓴 성분이 많이 우러나는 문제가 발생한다.

커피 머신 제작자들은 높은 압력을 사용하면서도 물의 온도는 낮출 방법을 고민하기 시작했다. 이를 위해 물이 보일러를 통과하면서 간접적으로 데워지는 방식을 고안했다. 이렇게 하면 열과 압력을 분리해 물의 온도는 낮추면서 높은 압력을 얻을 수 있다. 1958년 훼마Faema에서 개발한 에소프레소 머신이 이 방식이다. 보일러와 압력을 분리해 물과 스팀의 온도, 압력까지 조절한 현대식 커피 머신의 원조다. 1960년대부터 세계의 각국 각사에서 이 원리를 사용해 더 맛있는 커피를 추출하기 위한 커피 머신을 개발하려고 노력하고 있다.

커피 머신은 풍미가 깊고 진한 커피를 추출하는 장점이 있다. 곡물을 볶을 때 나는 고소한 향기의 정체는 지방 성분이다. 지방이 열을 받으면 고소한 풍미를 낸다. 땅콩도, 깨도 볶으면 고소해진다. 고기를 구울 때 나는 고소한 향기도 지방이 열을 받으면서 내는 고소함이다. 요즘 약 볶음 해서 산미가 진한 커피가 인기지만, 오랫동안 커피를 즐긴 사람들은 깊이감이나 고소함에 매력을 느낀다.

핸드 드립 커피가 맑고 깔끔하다면, 에스프레소 머신으로 내린 커피의 가장 큰 장점은 고소한 맛을 극대화하는 크레마crema를 추출하는 것이다. 크레마는 커피의 지방이 열을 받으면서 고소해진 성분이다. 에스프레소 머신으로 내린 커피 원액 윗부분에 뜨는 미세한 갈색 거품이 크레마인데, 커피에 고소한 맛을 더한다. 그러나 많은 커피숍에서

지나치게 많이 볶거나 심지어 태운 원두를 사용하기 때문에, 깊은 풍미를 느끼기보다 에스프레소 하면 쓰다는 것이 공식처럼 돼버렸다. 적당히 잘 볶은 원두를 좋은 에스프레소 머신으로 내린 커피는 매우 고소하고 깊은 맛이 난다.

처음에는 에스프레소에서 쓴맛밖에 느끼지 못하지만, 진한 맛에는 다른 여러 가지 맛이 응축돼 있다. 이런 응축된 맛을 경험한 적이 없으니, 이 안에 있는 여러 가지 맛을 구분해서 즐기기 어려운 것이다. 그러나 자꾸 경험하다 보면 응축된 맛에 든 여러 가지 맛을 구분할 수 있다.

높은 온도에서 열과 압력으로 뽑아낸 에스프레소, 달이는 제즈베 커피, 사이펀의 원리를 간편하게 만든 모카 포트 커피까지 고온 추출 커피의 독특한 맛이 있다. 이들은 모두 진하고 쓴맛이 먼저 느껴지지만, 입안에서 풀어지면 커피의 다양한 맛이 미세하고 은은하게 올라온다. 이 짙은 맛을 알면 그 매력에 흠뻑 빠진다. 이렇게 점점 더 진한 커피를 선호하는 경우를 많이 본다. 이교도의 음료라서 그렇게 불렀다지만, 어쩌면 유럽의 기독교인이 이슬람계의 음료이던 커피를 '악마의 유혹'이라고 한 이유가 이 때문인지도 모른다.

섬세함의 극치,
핸드 드립 커피

철호 형

내 젊은 시절은 격랑과 쓸쓸함의 연속이었다. 그 길에 늘 함께한 벗이 음악과 산이다. 음악은 혼자 듣는 것이 즐거웠고, 산은 함께하는 것이 좋았다. 힘들고 어려울 때면 달려가던 산, 그때마다 양팔 벌려 안아주던 산… 지리산에 갈 때면 늘 의형 안철호가 함께했다.

"형, 산에 갑시다!"

시도 때도 없이 던지는 내 말에 형은 이유도 묻지 않고 배낭부터 챙겼다. 40kg이 넘는 배낭을 메고 연곡사 입구에 들어서고, 피아골산장을 지나 가파른 골짜기를 따라 오르다, 임걸령에 이를 때면 기운이 소진된다. 몸에서 기운이 빠져나가면 정신이 맑고 상쾌해진다. 임걸령에 텐트를 치고 나면 아무리 지쳤어도 반야봉에 올라가 지는 해를 봐야 한다. 불어오는 바람을 맞으며 성삼재 너머 산이 첩첩이 층을 이룬 백두대간을 봐야 한다. 지리산에 다녀오면 몇 달은 그럭저럭 버틸 수 있었다. 내 옆에는 언제나 철호형이 있었다.

얼마 전에 철호 형이 찾아왔다. 짧게 자른 머리가 희다. 눈가에는 주름이 지고…. '형도 늙네.' 마음이 쓸쓸해졌다. 형의 모습이 거울 속 내 얼굴이라는 생각이 들었다. 그날 술잔을 기울이며 참 많은 이야기를 나눴다. 늦은 밤, 내 방에 돌아와 앰프에 불을 지피고 커피를 내려 함께 마셨다. 진공관 앰프에 불이 들어오고 관이 서서히 달궈지자, 따뜻한 불빛과 더불어 앨리슨 크라우스의 청량한 목소리가 대형 보작 스피커를 타고 은은히 흘러나온다. 아껴둔 에티오피아 구지와 코만단테 핸드 밀을 꺼냈다.

에티오피아 구지는 참 묘한 매력이 있다. 산미와 단맛도 좋지만 묵직한 바디감이 받쳐주고, 군고구마를 약간 태운 듯한 향도 좋다. 어울려 올라오는 향과 맛은 사람을 아련한 추억에 빠져들게 한다. 구지 원두 40g을 핸드 밀에 넣고 천천히 돌린다. 특유의 아름다운 향이 살짝 올라오다, 이내 방 안을 채운다. 행복감이 커피 맛보다 먼저 밀려온다. 주전자에 물을 끓이고 서버에 칼리타 드리퍼를 올렸다. 두 잔 분량을 내리고 따뜻하게 데운 잔에 가득 부어 형에게 내민다. 형은 커피잔에 코를 박고 깊이 향을 들이마시고, 뜨거운 커피 한 모금을 입에 넣고 살짝 음미하다 목으로 넘겼다.

"하! 이런 커피를 어디서 마셔보겠나! 이런 아름다운 소리를 어디서 들어보겠나!"

신음에 가까운 소리가 터져 나온다.

"네가 내려주는 드립 커피는 언제 마셔도 참 맛있다. 왜 머신으로 내린 커피보다 드립 커피가 맛있는 거냐?"

"글쎄요, 드립으로 내린다고 맛있는 건 아니에요. 물론 핸드 드립은 다양한 맛을 표현할 수 있죠. 맛의 스펙트럼이 넓다고 할까요? 에스프레소 머신으로 내린 커피는 맛이 좀 뭉치는 느낌이지만 더 고소하잖아요. 다양한 맛과 풍미는 핸드 드립 커피가 월등해도 드립 커피를 좋아하느냐, 머신으로 내린 아메리카노를 좋아하느냐는 취향의 문제 같아요."

오랜만에 행복한 시간을 나눴다. 추억은 아련해서 아름답다. 이런 아련함을 가장 잘 표현할 수 있는 앰프는 무엇일까? 6BQ5 진공관을 사용하는 푸시풀 앰프가 아닐까 싶다. 이는 6BQ5가 1950~1960년대 텔레풍겐이라는 명기의 주력 관으로 사용된 것과 무관하지 않을 듯하다. 품위 있고 오래된 소리 같은 예스러움….

근래에 완성한 6BQ5 푸시풀 앰프에 세르게이 트로파노프의 곡을 걸었다. 두툼한 피아노로 시작된 곡은 세르게이 특유의 가슴을 에는 듯한 금속 선율을 토해낸다. 우리는 아무 말 없이 흐르는 선율에 추억을 얹었다. 새벽이 다 돼서야 형을 바래다주고 어둠 속으로 성큼성큼 걸어가는 뒷모습을 보며 중얼거렸다. "형! 우리 건강히 오래오래 삽시다. 그래야 맛난 커피도 마시고 좋은 소리 들으며 옛이야기 할 거 아니유."

핸드 드립에서 중요한 것

핸드 드립으로 커피를 내릴 때는 입맛에 맞는 원두를 고르는 것부터 시작한다. 핸드 드립 커피는 다양한 맛을 즐기기 적합하므로 주로 약 볶음이나 중 볶음 원두가 좋다. 산미를 싫어하고 묵직한 바디감과 고소한 맛을 즐기는 경우라면 강 볶음 원두도 무방하다.

원두를 정했으면 분쇄해야 한다. 커피 맛에 큰 영향을 미치는 분쇄도는 중간으로 하는 게 좋다. 중간이라면 애매하게 들릴지 모른다. 그러나 커피 분쇄기 회사마다 분쇄도를 다르게 표시하기 때문에 정확히 표현하기 어렵다. 다만 에스프레소 머신으로 추출할 때보다 원두를 훨씬 굵게 갈아야 한다. 분쇄한 원두 알갱이가 조밀하면 추출 속도가 느려 쓴맛이 강해지고, 커피의 안 좋은 성분도 많이 추출된다. 에스프레소 머신은 높은 열과 압력으로 추출하기 때문에 분쇄도를 조밀하게 하지만, 핸드 드립은 물이 중력에 의해 내려가는 힘으로 추출하기 때문에 조밀하게 분쇄하면 잘 추출되지 않고 쓴맛이 많이 나온다.

분쇄도만큼 중요한 것이 균일함이다. 균일하게 분쇄하지 않으면 가루가 많이 생겨 쓰고 떫은맛이 먼저 나온다. 그래서 커피 마니아는 점점 더 좋은 분쇄기를 찾는다. 분쇄기의 성능이 값에 비례하진 않고, 가성비가 우수한 가정용 분쇄기도 많다. 사용하는 원두가 많지 않으면 핸드 밀로 분쇄해도 좋다. 적당한 분쇄도로 고르게 가는 것이 중요하다.

저마다 특색이 있는 드리퍼

우리나라에서는 칼리타와 하리오, 고노 드리퍼를 주로 사용한다. 칼리타 드리퍼는 원형인 위쪽에서 내려감에 따라 삼각을 이루며 좁아지고, 맨 아래 구멍 세 개가 나란히 뚫렸다. 다른 드리퍼에 비해 물이 오래 머물다 내려간다 (거의 비슷한 형태에 아래 구멍이 한 개인 멜리타 드리퍼는 칼리타 드리퍼보다 물이 오래 머물러 더 진하게 추출된다). 드리퍼에 물이 오래 머물면 그만큼 원두 가루와 물이 접촉하는 시간이 길어지고, 커피의 성분을 많이 우려낼 수 있다. 따라서 칼리타 드리퍼로 내린 커피는 진하고 깊은 맛이 나지만, 내리기 까다롭다. 자칫하면 쓴맛이나 떫은맛, 건강에 해로운 성분까지 추출되기 쉽다. 핸드 드립 공부를 시작한다면 칼리타 드리퍼부터 연습하는 게 좋다.

가벼우면서 맑게 내린 커피를 선호한다면 하리오 드리퍼를 권한다. 하리오 드리퍼는 깔때기 모양에 큰 구멍이 하나 있다. 비교적 쉽고 추출 시간이 빨라, 하리오 드리퍼로 추출한 커피는 맑고 가벼우며 바디감이 덜하다. 고노 드리퍼는 하리오 드리퍼와 비슷한 형태지만, 추출 속도가 느려 칼리타와 하리오의 중간 정도다.

요즘은 칼리타에서 깊은 맛을 내면서 더 쉽고 빠르게 내릴 수 있는 칼리타 웨이브 드리퍼를 만들어 보급하고 있다. 하리오와 비슷한 깔때기 모양 드리퍼 아랫부분을 넓혀 삼각형 위치에 구멍 세 개를 뚫고, 드리퍼 내부에 턱을 만들어 물이 좀 더 천천히 내려가면서 추출 시간을 확보하는 방식이다. 주름 잡힌 깔때기 모양 필터를 사용해, 푸어 오버 방식으로 내려도 원두 가루를 거치지 않은 맹물이 드리퍼의 벽을 타고 빠르게 흘러내리는 일이 없다. 전통적인 칼리타 방식의 깊은 맛과 똑같을 순 없으나, 속도가 빠르고 특별한 기술이 없어도 내리기 쉽다.

자신에게 잘 맞는 드리퍼를 선택해 자신에게 맞는 드립 방법으로 추출하면 더 맛있는 커피를 즐길 수 있다. 필자는 다양한 맛을 내는 칼리타 드리퍼를 선호한다.

뜸을 잘 들여야 제맛

물은 끓었고 원두도 잘 갈았다. 필터를 접어 드리퍼 면에 밀착되도록 올린다. 칼리타 필터는 옆면과 밑면을 반대 방향으로 접는다. 다음은 서버에 드리퍼를 올리고, 뜨거운 물을 필터에 골고루 부어 씻어낸다. 이 작업을 린스라 한다. 요즘은 린스를 생략하는 경우가 많으나, 린스는 여러 가지 장점이 있다.

첫째, 필터의 잡냄새나 나쁜 성분을 씻어낼 수 있다. 둘째, 핸드 드립 커피는 대개 저온에서 내리니, 서버가 차가우면 식은 커피를 마시게 된다. 그래서 드립 할 때보다 뜨거운 물로 린스해 서버를 데운다. 셋째, 필터가 서버에 밀착되게 한다.

린스한 뒤 필터에 갈아둔 원두를 넣고 몇 번 흔들어 수평을 맞춘다. 대략 두 잔을 기준으로 내리는데, 필자가 운영하는 커피집에서는 손님이 한 분 오셔도 두 잔 분량을 내린다. 한 잔 내릴 때 보통 원두를 20~23g 사용하는데, 그러면 제맛이 나지 않기 때문이다. 20g으로 한 잔을 내리는 경우와 40g으로 두 잔을 내리는 경우, 실제로 비교하면 맛이 다르다. 필자는 두 잔 기준으로 원두를 40~45g 사용한다. 그래야 풍미 있는 커피가 된다.

드리퍼에 원두 가루를 넣고, 작은 스틱으로 가운데를 오목하게 만든다. 그래야 물이 원두 가루에 골고루 배어든다. 평평한 원두 가루 가운데 아무리 조심스럽게 물을 부어도 드리퍼를 골고루 적시기는 쉬운 일이 아니다. 물이 한쪽으로 흐르면 드리퍼 옆면을 타고 내려가고 다른 쪽은 젖지 않아, 물을 다시 부어 결국 뜸 들이기를 망친다.

오목하게 만든 원두 가루 가운데 물을 천천히 붓는다. 물이 고르게 스며들면 전체가 충분히 젖으며 원두 가루가 부풀어 오른다. 물 온도는 드립에서 무엇보다 중요하다. 너무 높으면 쓴맛이 먼저 우러나고, 너무 낮으면 신맛과 잡맛이 강하게 올라온다. 물 온도는 약 80℃가 적당하다. 물을 적당량 부으면 몇 방울이 서버로 떨어지는데, 이때도 쪼르륵 흐르는 정도가 좋다. 원두 가루가 물에 씻겨 나쁜 성분이 빠져나가기 때문이다. 이는 다도에서 세차洗茶[*]를 하는 이유와 같다. 그러나 물이 너무 많이 내려가도 뜸

---

* 차를 씻어내다.

이 제대로 들지 않는다.

뜸을 들일 때 커피가 빵 모양으로 부풀어 오르는데, 이를 흔히 '커피 빵'이라 부른다. 커피 빵은 볶음도가 강할수록, 신선할수록 잘 부풀어 오른다. 볶음도가 강하면 원두 조직이 성글어서 가스가 차고, 신선할수록 조직에 남은 가스가 많기 때문이다. 그러니 커피 빵이 잘 부풀었다고 해서 꼭 맛있는 커피는 아니다.

커피 빵이 부풀어 오를 때 원두 속 가스가 빠져나오면서 노란 거품을 만드는데, 이 상태로 잠시 두는 게 뜸 들이기다. 일반적으로 30초 정도 뜸을 들이라고 하는데, 필자는 좀 더 뜸을 들인다. 뜸 들이는 시간은 강하게 볶은 원두는 짧게, 약하게 볶은 원두는 조금 길게 한다. 1분이 넘으면 떫은맛이 많이 우러날 수 있다. 필자는 충분히 뜸을 들이되, 마르지 않을 정도로 한다.

첫 물은 과감히 버리고

뜸을 들이는 동안 빠져나와 서버에 고인 커피는 모두 버린다. 왜 아깝게 버리느냐는 분도 있지만, 쓰고 떫고 역하다. 만류해도 굳이 마셔보고 싶어 하는 분이 있어 드리면 인상을 찌푸리며 뱉는다.

원두 가루 가운데 천천히 물을 부어 전체적으로 부풀어

오르게 하는데, 필자는 이를 '물길 잡기'라고 부른다. 물을 붓다 보면 한쪽은 부풀어 오르고, 다른 쪽은 부풀어 오르지 않는 부분이 있다. 이때 부풀어 오르지 않는 쪽으로 물을 부어 부풀어 오른 부분을 점점 드리퍼 가장자리로 밀어낸다. 이렇게 하면 전체적으로 커피 빵이 다시 부풀어 오르는데, 이 과정을 통해 원두 가루에 물길이 잡힌다. 부풀어 오르다가 드리퍼 가장자리에 물이 닿기 시작하면 물 붓기를 멈춘다. 물길이 잡히면 다음부터 쉬워진다.

드립 포트를 천천히 돌려가며 물을 부으면 원두 가루가 마치 숨을 쉬듯이 부풀어 오르고, 물 붓기를 멈추면 사그라지기를 반복한다. 이렇게 물을 붓고 멈추면서 커피를 내린다. 드립 하는 시간도 중요한데, 두 잔 분량을 내리면 뜸 들이는 시간(1분)을 포함해 3분~3분 30초 이내에 추출하는 게 좋다. 추출 시간이 짧으면 커피의 성분이 충분히 추출되지 못하고, 시간이 길면 아리고 떫은맛이 많이 추출된다.

드립은 타이밍의 예술

커피 추출 시간은 원두의 볶음도와 분쇄도에 따라 달라진다. 강하게 볶은 원두일수록 빨리 추출되고, 약하게 볶은 원두일수록 천천히 추출된다. 분쇄도가 거칠수록 빨리 추출되고, 고울수록 천천히 추출된다.

드립 하는 동안 물이 드리퍼에서 완전히 빠져나가지 않도록 하는 게 중요하다. 마지막에도 완전히 내려가지 않은 상태, 즉 드리퍼에 물이 어느 정도 있을 때 추출을 멈춘다. 물이 드리퍼에서 다 빠져나가면 쓰고 떫은맛이 고스란히 추출된다. 두 잔 기준으로 약 240ml를 추출하는데, 이 정도가 되면 재빨리 드리퍼를 서버에서 분리한다.

칼리타 드리퍼로 이 정도 양을 추출하면 매우 풍미 있는 커피가 된다. 진한 커피를 즐기는 분은 그대로 마셔도 좋고, 부드러운 커피를 좋아하는 분이라면 따뜻한 물을 적당량 부어 마신다. 더 진한 커피를 내리고 싶다면 원두의 분쇄도를 약간 곱게, 물줄기를 조금 더 가늘게 해서 천천히 내리고, 추출되는 양을 적게 한다. 핸드 드립으로도 에스프레소 수준의 진한 커피를 만들 수 있다.

이 방법을 기본으로 하면 하리오나 고노 드리퍼로도 커피를 내릴 수 있다. 기본을 정확히 익히면 그다음은 응용이기 때문이다. 하리오나 칼리타 웨이브 드리퍼는 기본적으로 푸어 오버 방식을 사용하지만, 절대적인 것은 아니다. 많이 내리다 보면 자신만의 방법을 터득할 수 있다.

바쁜 세상에 커피 한 잔 만들기 위해 그렇게 많은 시간과 노력을 들여야 하느냐고 묻는 사람도 있다. 그러나 핸

드 드립을 하다 보면 물을 끓이고, 원두를 갈고, 드리퍼를 세팅하고, 필터를 접고, 뜸을 들이는 일련의 과정이 무척 행복한 시간이라는 걸 알게 된다. 원두를 갈아 드리퍼에 올릴 때 풍기는 고소하고 새콤한 향기, 물을 부으면 봉긋이 올라오는 커피 빵 등 오감을 자극하는 모든 과정이 우리를 행복하게 한다.

드립은 타이밍의 예술이다. 원두 상태에 따라 물줄기를 매우 가늘게 해야 하는 경우도 있고, 강하게 부어야 하는 경우도 있다. 어느 온도에서 어느 정도 추출하고 어느 시간에 그쳐야 하는지, 모든 순간이 커피와 나누는 대화다. 순간의 선택에 따라 맛이 결정되는 타이밍의 예술! 잘 내린 커피 향을 맡고, 한 모금 머금어 입속에 퍼지는 맛과 향을 감상하고, 삼킨 다음 살짝 올라오는 달큼한 맛…. 커피를 내리고 마시며 드는 행복감을 어디에 비할까 싶다.

'좋은 커피 협동조합'을 꿈꾸며

'어떻게 하면 더 많은 이에게 맛있는 커피를 제공할 수 있을까?' 필자가 커피를 가지고 무수히 고민하고 시도하는 한 가지 이유다.

우리는 3년 가까이 코로나19라는 전대미문의 비상사태를 겪었다. 인간의 일상이 보이지도 않는 미물에 의해 무너지는 것을 경험하면서 우리가 얼마나 보잘것없는지, 얼마나 오만하게 살아왔는지 온몸으로 느꼈다. 우리는 나 하나 열심히 하고, 나 하나 똑똑하면 잘살 수 있다고 생각해왔다. 내가 잘사는 건 내가 잘나고 열심히 해서 그렇고, 네가 못사는 건 네가 못나고 노력하지 않아서 그렇다고 생각해왔다. 코로나19는 우리에게 모든 것이 그물망처럼 연결되고, 인간은 세계-내-존재being-in-the-world며, 온 세상 온 우주가 나를 돕고 또 도와야 살아갈 수 있다는 연기론적 세계관의 각성을 일깨웠다. 온 세상이 돕지 않는다면 어찌 인간이 한순간이라도 살아갈 수 있으랴! 코로나19는 조용히, 매우 진지하게 이를 역설한다. 코로나19를 통해 이

것을 배우지 못하면 우리에게 미래는 없다.

필자도 코로나19 시기에 우여곡절을 겪으며 깨달은 바가 있다. 그리고 팬데믹 한가운데서 대중 속으로 돌아가자고 결심했다. '누구나 싼값에 핸드 드립 커피를 즐길 수 있는 작은 커피집'을 열기로. 내 고향인 천안 불당동 시청 앞에 작은 가게를 얻고, '로스팅 포인트 오렌지'라는 이름을 붙였다.

"커피집이 왜 오렌지예요? 주스 가게 같아요."

"오렌지가 새콤달콤하잖아요? 커피에는 오렌지처럼 새콤하고 달콤한 맛이 있어요. 그런 커피의 다양한 맛을 가장 완벽하게 살릴 수 있는 포인트를 저는 로스팅 포인트 오렌지라고 불러요. 그래서 지은 이름이에요."

"맞아요! 듣고 보니 사장님 커피에서는 그런 맛이 나요."

커피집을 열면서 커피 값을 좀 저렴하게 책정했다. 처음 가게에 들어와 메뉴판을 보는 손님들은 모두 놀란다.

"핸드 드립 커피가 왜 이렇게 싸요?" "이렇게 팔아도 남아요?" 의아한 눈빛이 역력하다.

"조금은 남겠지요. 제가 볶으니까 이 값에 드릴 수 있어요. 커피 한 잔 값이 어느 정도면 적당할까 많이 고민했어요. 분식집에서 라면을 팔아도 재료비가 들어가고, 그만큼 많은 노동력이 필요하잖아요. 거기에 비하면 핸드 드립이라 해도 한 잔에 얼마나 많은 노동력이 들어가겠어요. 물론 임차료까지 원가에 넣어야 해서 비싸게 받는 커피집이 많지만, 저는 맛있는 커피를 누구나 부담 없이 즐길 수 있었으면 좋겠어요. 저도 한 잔에 5000~6000원 하는 커피는 선뜻 마시기 어렵거든요. 물론 저가형 프랜차이즈가 있지만, 그 커피가 정말 맛있고 먹을 만한 원두로 만드는 커피일까요? 그냥 커피니까 마시는 거죠. 그런 커피를 마셔보면 솔직히 커피 로스터로서 화가 날 때가 많아요. 그래도 사람이 마시는 음료인데, 건강을 생각해서라도 나쁜 맛을 감추기 위해 태운 커피를 사용하는 건 용납하지 못할 일이라는 생각이 들어요. 싸고 맛있으면 손님이 많이 오시겠지요."

"저희는 좋지만, 사장님 문 닫으시면 어떡해요. 이렇게 맛있는 커피를 마실 곳이 없어지잖아요."

손님들이 우리 가게 문 닫을 걸 걱정해주신다. 그래도 괜찮다. 맛은 그 맛을 내기 위한 인간의 성실함과 진심을 절대 배반하지 않는다는 게 50년 남짓 살아온 나의 작은 깨달음이다.

필자는 요즘 '좋은 커피'라는 이름으로 협동조합을 준비하고 있다. 맛있는 커피를 퍼뜨리려면 현재 커피집을 하는 사장님들이 맛있는 커피를 많이 만들어야 한다. 그러기 위해 많은 분이 커피 볶는 것도 배우고, 볶을 수 있는 분은 스스로 볶고, 그럴 수 없다면 볶아드리고, 소비자 조합원은 사업자 조합원이 운영하는 커피집에서 맛있는 커피를 마시며 여러 가지 혜택도 누리는, 사업자와 소비자가 상생하는 협동조합. 이렇게 비슷한 생각을 하는 사람들이 모이다 보면 더 좋은 커피가 만들어지지 않을까?

좋은 커피란 맛있는 커피, 사람을 건강하게 해주는 커피다. 사람을 건강하게 한다는 건 사람에게 행복을 주는 일이다. 건강의 조건은 행복이다. 행복한 사람이 몸도 마음도 건강하기 때문이다.

"사장님 오래오래 하셔야 해요. 사장님 커피 최고예요!"

손님이 수줍은 듯 인사하고 가게를 나선다. 가슴 한쪽이 뭉클하다. 손님이 횡단보도를 건너고 가벼운 발걸음으로 건물을 돌아 큰길 쪽으로 걸어간다. 손님이 보이지 않을 때까지 한참 뒷모습을 바라본다. 로스팅실에 있는 오렌지색 로스터의 눈길에 뒤통수가 따갑다. '뭐 하고 있어? 서울 카페에 보낼 원두 빨랑 볶아야제.'

'알았어, 알았어. 너도 좀 쉬니 몸이 근질근질하지? 자! 이제 다시 달려보자구.'

알 수 없는 힘이 솟구친다. 나는 행복을 볶는 커피 로스터다!

커피 로스팅, 타이밍과 뜸 들이기의 예술

펴낸날 2022년 11월 25일 초판 1쇄
지은이 이진건
만들어 펴낸이 정우진 강진영 김지영
꾸민이 Moon&Park(dacida@hanmail.net)
펴낸곳 04091 서울시 마포구 토정로 222 한국출판콘텐츠센터 420호
편집부 (02) 3272-8863
영업부 (02) 3272-8865
팩 스 (02) 717-7725
이메일 bullsbook@hanmail.net / bullsbook@naver.com
등 록 제22-243호(2000년 9월 18일)
ISBN 979-11-86821-79-4 03570

황소걸음
Slow & Steady

ⓒ이진건 2022